编写人员名单

主　编：覃　斌（辽宁生态工程职业学院）
　　　　　姜　新（辽宁生态工程职业学院）
副主编：刘小丹（辽宁生态工程职业学院）
　　　　　刘　琳（辽宁生态工程职业学院）
　　　　　李　月（辽宁生态工程职业学院）
参　编：武文斐（辽宁省交通高等专科学校）
　　　　　丁邦林（辽宁林凤装饰装修工程有限公司）
　　　　　徐江月（辽宁晋级兴邦科技股份有限公司）

前言

《装饰工程制图与识图》一书结合了编者多年的教学经验，根据学科专业的特点，在教学内容选择上，以培养绘图、识图的基本素质和能力为主线，从培养应用型人才这一目标出发，侧重专业要求，本着"以应用为目的，以必需、够用为度"的原则编写而成。同时，本书深入贯彻落实立德树人根本任务，将"精益求精的职业态度，中华优秀传统文化传承，创新思维与协同发展理念，审美价值与社会效益的统一"等课程内容有机融入专业教学，注重培养学生的工匠精神、职业素养和创新意识，注重引导学生树立正确的世界观、人生观和价值观，实现知识传授与价值引领的有机统一，为培养德技并修的高技能人才奠定基础。

编者认真总结长期以来的课程教学实践经验，并广泛吸取同类书的优点，力求做到以下几点。

① 贯彻新的国家制图标准，力求严谨、规范、叙述准确、通俗易懂。

② 在内容安排上注重实用性与实践性。所选知识内容的广度和深度以能够满足岗位工作的需求为度，精简了画法几何的内容。

③ 考虑到制图与识图课时的限制，以制图规范、投影方法、简单专业图样为主要内容，教师可根据教学课时和教学需要按一定的广度和深度进行补充扩展。

④ 注重密切结合工程实际，专业例图来源于实际工程，便于理论联系实际，有利于提高学生识读施工图的能力。

本书由辽宁生态工程职业学院主持编写，辽宁省交通高等专科学校、辽宁林凤装饰装修工程有限公司、辽宁晋级兴邦科技股份有限公司参与合作完成。覃斌、姜新担任主编，李月、刘琳、刘小丹担任副主编，武文斐、徐江月、丁邦林参编。具体编写分工为：模块一由覃斌、刘小丹编写，模块二由姜新编写，模块三由覃斌、刘琳编写，模块四由覃斌、李月编写；附录由覃斌编写；教材所需案例图纸由覃斌、刘小丹编绘；武文斐、丁邦林、徐江月参与案例资料收集整理及图纸提供，全书由覃斌负责统稿并定稿。

在本书编写过程中，编者参阅了有关标准规范、教材和文献资料，在此对这些资料的作者表示诚挚的谢意！

由于编者水平有限，书中疏漏和不足之处在所难免，敬请读者批评指正。

编　者
2024 年 10 月

室内装饰精品课系列教材

装饰工程
制图与识图

覃斌　姜新 / 主编

化学工业出版社
·北京·

内容简介

本书以专业实用性为基础，结合国家最新颁布的制图相关标准进行编写，内容包括制图基础知识与基本技能、形体投影图的识读与绘制、建筑施工图的识读与绘制、装饰施工图的识读与绘制。本书内容新颖、案例丰富，从理论到实践，分模块、分任务安排内容，力求贴近真实的岗位工作过程，满足岗位需求。

本书可作为高等院校建筑室内设计、室内艺术设计、环境艺术设计、建筑装饰工程技术、建筑设计专业的教材，也可供相关专业工程技术人员阅读、参考。

图书在版编目（CIP）数据

装饰工程制图与识图 / 覃斌，姜新主编. -- 北京：化学工业出版社，2024.12. --（室内装饰精品课系列教材）. -- ISBN 978-7-122-47057-7

Ⅰ．TU238.2

中国国家版本馆CIP数据核字第2024PW4444号

责任编辑：毕小山
责任校对：张茜越　　　　　　装帧设计：刘丽华

出版发行：化学工业出版社
（北京市东城区青年湖南街13号　邮政编码100011）
印　　装：河北京平诚乾印刷有限公司
787mm×1092mm　1/16　印张16¾　字数388千字
2025年5月北京第1版第1次印刷

购书咨询：010-64518888　　　　售后服务：010-64518899
网　　址：http://www.cip.com.cn

凡购买本书，如有缺损质量问题，本社销售中心负责调换。

定　价：78.00元　　　　　　　　版权所有　违者必究

目录

模块一　制图基础知识与基本技能　// 001

　　任务一　制图工具的使用　// 002
　　任务二　图框的绘制　// 008
　　任务三　图线的应用　// 016
　　任务四　比例的选择　// 022
　　任务五　字体的使用　// 025
　　任务六　尺寸标注　// 028
　　任务七　建筑施工图中的常用符号　// 036
　　任务八　定位轴线的应用　// 043

模块二　形体投影图的识读与绘制　// 047

　　任务一　正投影基础　// 048
　　任务二　点、直线、平面的投影　// 054
　　任务三　基本体的投影　// 072
　　任务四　组合体的投影　// 088
　　任务五　轴测投影图　// 103
　　任务六　建筑物的形体表达　// 120

模块三　建筑施工图的识读与绘制　// 133

　　任务一　房屋建筑施工图基本知识　// 134
　　任务二　建筑施工图首页识读　// 137
　　任务三　建筑平面图的识读与绘制　// 142
　　任务四　建筑立面图的识读与绘制　// 149
　　任务五　建筑剖面图的识读与绘制　// 154
　　任务六　建筑详图的识读与绘制　// 157

模块四　装饰施工图的识读与绘制　　// 163

　　任务一　装饰施工平面布置图的识读与绘制　　// 164
　　任务二　装饰施工地面铺装图的识读与绘制　　// 172
　　任务三　装饰施工顶棚平面图的识读与绘制　　// 183
　　任务四　装饰施工立面图的识读与绘制　　// 195
　　任务五　装饰施工详图的识读与绘制　　// 205
　　任务六　住宅装饰施工图识读与绘制综合训练　　// 216

附　录　　// 235

　　附录1　常用建筑构造及配件图例　　// 235
　　附录2　常用水平及垂直运输装置图例　　// 247
　　附录3　常用建筑材料图例　　// 247
　　附录4　常用家具及设施图例　　// 250

参考文献　　// 261

模块一
制图基础知识与基本技能

导学指南

装饰工程图纸可通过手工绘制、计算机辅助绘制。尽管计算机绘图已经非常普及且高效，但手工绘图仍然是基础技能，它能够帮助我们更好地理解设计，提高我们的观察和表现能力。因此，即使在计算机绘图普及的今天，我们仍然需要训练和掌握手工绘图技能。

工程图是施工建造的重要依据，为了便于技术交流和统一规范管理，国家对图纸的格式和表达方式等作出了统一的规定，这个规定就是制图标准。我国国家标准（简称国标）的代号是"GB"，它是由"国标"两个字的汉语拼音首字母"G"和"B"组成的，例如"GB 50001—2010"。"GB"后面的两组数字分别表示标准的序号和颁布年份。建筑装饰工程制图依据国家标准《房屋建筑制图统一标准》（GB/T 50001—2017）、《建筑制图标准》（GB/T 50104—2010）。这些标准不仅适用于手工制图，同样也适用于计算机制图。

任务一 制图工具的使用

教学目标

* 了解制图工具的基本功能。
* 掌握制图工具的正确使用方法，能使用绘图工具绘制简单的图形。

教学重点

* 制图工具的使用。

【任务引入】

手工绘图必须借助一定的绘图工具和仪器，正确使用绘图工具，熟练掌握各种绘图工具和仪器的使用方法，有助于保证图面质量和提高绘图速度。常用的手工绘图工具和仪器有：图板、丁字尺、三角板、圆规、分规、比例尺、曲线板、铅笔等。

通过本任务的学习，要求能够正确、熟练地使用绘图工具完成简单图形的绘制，需要完成的任务如图 1-1-1 所示。

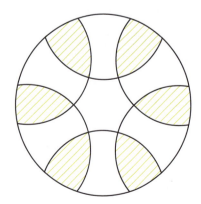
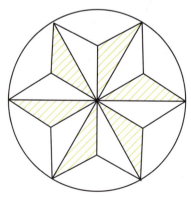

图 1-1-1　简单图形的绘制

【专业知识学习】

一、图板、丁字尺和三角板

（一）图板

图板通常由胶合板或木板制成，是用于铺放和固定图纸的。图板的板面要求平滑光洁，板侧边要求平直，特别是图板侧边的边缘作为丁字尺使用的导边，更应平直。

图板有 0 号（1200mm×900mm）、1 号（900mm×600mm）、2 号（600mm×450mm）三种规格。制图时应根据所绘制的图纸大小选择合适的图板，通常选用比所绘图纸图幅大一号的图板。

制图时，需要把图纸固定在图板上再绘图。固定图纸一般可以使用透明胶带、美纹胶带、图钉等。绘制水彩、水粉渲染图时，应把图纸用水溶胶带纸装裱在图板上再绘制，避免图纸因吸水不均而出现褶皱和不平整。

固定图纸时要选择适当的位置，不能太偏下和太偏右，一般应使图纸下方至少留有一个丁字尺宽度的空间，如图 1-1-2 所示。

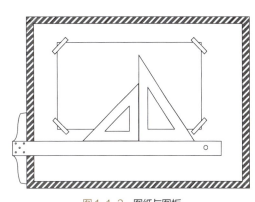

图 1-1-2　图纸与图板

（二）丁字尺、三角板

丁字尺又称 T 形尺，由互相垂直的尺头和尺身两部分组成，它主要用来绘制水平线。按其长度（刻度）分为 1200mm、900mm、600mm 三种规格，尺身上有刻度的一侧称为工作边。画线时，应使用丁字尺的工作边画线。

使用丁字尺作图时，尺头必须紧靠绘图板左边，不得随意摆动，不得使用丁字尺的尺头靠在图板的上下边（非工作边）绘制铅垂线。画铅垂线时要用丁字尺和三角板配合绘制。

移动丁字尺时，用左手推动丁字尺头沿图板上下移动，把丁字尺调整到准确的位置，然后压住丁字尺进行画线。水平线是从左到右画，铅笔前后方向应与纸面垂直，这样可以保证线条水平的精准度。在绘制过程中，要注意控制好力度，保持线条的连续性和光滑度。

每副三角板有两块，其中一块的三个内角分别为 45°、45°、90°；另一块的三个内角分别为 30°、60°、90°。三角板主要用来配合丁字尺绘制铅垂线、特殊角度斜线和一般直线。

两块三角板配合使用，可画出已知直线的平行线和垂直线。三角板和丁字尺配合使用可画出水平线、垂直线，以及 15°、30°、45°、60°、75°等各种角度的斜线，如图 1-1-3 所示。

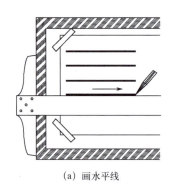
(a) 画水平线

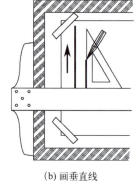
(b) 画垂直线

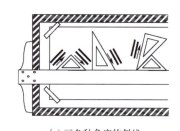
(c) 画各种角度的斜线

图 1-1-3　丁字尺和三角板的使用方法

二、圆规和分规

（一）圆规

圆规是用来画圆或圆弧的工具。使用圆规画图时，应将钢针一端固定在圆心上，这样可避免圆心扩大，还应使铅芯尖与针尖大致等长。

用圆规画圆时，应按顺时针方向转动圆规，并稍向前方倾斜，尽量使圆规的两个规脚尖端同时垂直于纸面。当圆的半径过大时，可连接上延伸杆。当画同心圆或同心圆弧时，应注意保护圆心，先画小圆，以免圆心扩大后影响准确度。圆规的用法如图1-1-4所示。

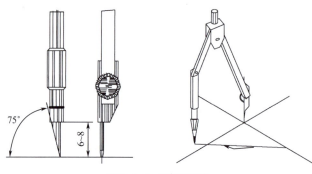

图 1-1-4　圆规的用法

（二）分规

分规是用来截取线段、量取尺寸、等分线段的工具。分规的两个针尖应调整平齐。从比例尺上量取长度时，针尖不要正对尺面，应使针尖与尺面保持倾斜。用分规等分线段时，通常要用试分法。分规的用法如图1-1-5所示。

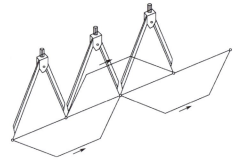

图 1-1-5　分规的用法

三、比例尺

比例尺用于量取不同比例的尺寸,尺身上标有不同的比例。比例尺上的比例为图上距离与实际距离之比。绘图时,可按所需要的比例,在比例尺上直接量取长度来画图。比例尺及其使用方法如图 1-1-6 所示。

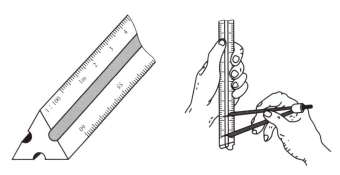

图 1-1-6　比例尺及其使用方法

四、曲线板

曲线板也称云形尺,是用来绘制非圆自由曲线的工具。

使用曲线板作图时,为保证线条流畅、准确,应先按相应的作图方法定出所画曲线上足够数量的点,然后根据曲线的曲率变化选择曲线板上合适的部分,再用曲线板连结各点,并且要注意采用曲线段首尾重叠的方法(一般应至少吻合 3～4 个点),这样绘制的曲线比较光滑。

如图 1-1-7 所示,前一段重复前次所描,中间一段是本次描,后一段留待下次描,依次类推。

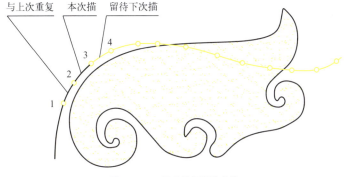

图 1-1-7　用曲线板描绘曲线

五、铅笔和墨线笔

(一)铅笔

铅笔铅芯的黑度与硬度用字母 B、H 表示:B 前面的数字越大,表示铅芯越黑;H 前面的数字越大,表示铅芯越硬。绘图时,一般采用 H、2H 的铅笔画细实线、虚线、细点画线，用 HB 的铅笔写字、标注尺寸，用 HB、B 的铅笔加深粗实线。

铅笔应从没有标号的一端开始削磨使用，以便保留铅芯的硬度符号。根据使用需求可选择不同形状的铅芯，如图 1-1-8 所示。

（二）墨线笔

1. 针管笔

针管笔是一种常见的制图工具。它由一个细长的金属或塑料笔杆和一个可更换的针管笔尖组成。针管笔尖通常由金属制成，呈圆锥形，具有一定的弹性，可以调节线条的粗细，如图 1-1-9 所示。

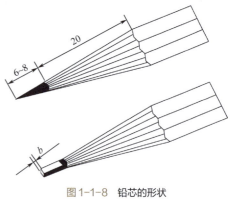

图 1-1-8　铅芯的形状

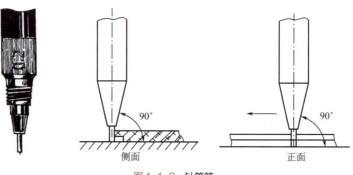

图 1-1-9　针管笔

2. 鸭嘴笔

鸭嘴笔的特点是笔尖呈扁平状，类似于鸭嘴的形状，因此而得名。鸭嘴笔用来画墨稿中的直线，画出的直线边缘整齐，而且粗细一致。在使用时，鸭嘴笔不应直接蘸墨水，而应该用蘸水笔或者毛笔蘸上墨汁后，从鸭嘴笔的夹缝处滴入使用，通过调整笔前端的螺丝来确定所画线段的粗细。画直线时，笔杆垂直于纸面，均匀用力横向拉线，速度不要太快，这样才能画出均匀的直线，如图 1-1-10 所示。

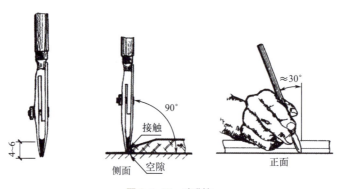

图 1-1-10　鸭嘴笔

六、其他绘图工具

其他常用的绘图工具有：工具刀、橡皮、量角器、掸灰屑用的毛刷、固定图纸用的胶带纸等，如图 1-1-11 所示。

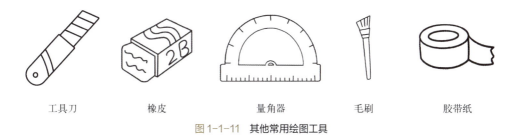

图 1-1-11　其他常用绘图工具

【任务训练】

基本图形绘制训练

（一）任务内容

利用制图工具，绘制出下面的图形。

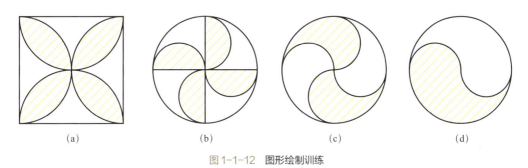

图 1-1-12　图形绘制训练

（二）指导与解析

绘制图 1-1-12（a）中的图形时，首先用三角板画出正方形，然后以正方形的四个边为直径，用圆规分别画半圆，并将相应图形涂上阴影即可。

绘制图 1-1-12（b）中的图形时，首先用圆规画出大圆，然后用三角板在大圆内作出互相垂直的两条直径，再以大圆的半径为直径，用圆规画出 4 个半圆，并将相应图形涂上阴影即可。

绘制图 1-1-12（c）中的图形时，首先用圆规画出大圆，然后用三角板在大圆内作出互相垂直的两条直径，再以大圆的半径为直径，用圆规画出 4 个半圆，然后擦去直径，并将相应图形涂上阴影即可。

绘制图 1-1-12（d）中的图形时，首先用圆规画出大圆，然后用三角板在大圆内作出一条直径，再以大圆的半径为直径，用圆规画出两个半圆，然后擦去直径，并将相应图形涂上阴影即可。

任务二 图框的绘制

教学目标

* 掌握图纸幅面及图框尺寸的规范。
* 了解加长幅面尺寸的方法。
* 掌握标题栏格式的规范。

教学重点

* 图纸幅面及图框尺寸。
* 图框周边尺寸。
* 标题栏格式。

【任务引入】

图框是指工程制图中图纸上限定绘图区域的线框。它可以清晰地界定图形的范围，使图纸更加整洁和专业。要想规范地绘制图框，就必须掌握制图标准中的相关知识。在本任务中，将介绍图纸幅面、图框格式、标题栏格式。要求通过本内容的学习，能够规范地绘制图框。图 1-2-1（a）为图框示例，图 1-2-1（b）为图框的标题栏示例。

【专业知识学习】

在绘制图框时，首先要确定图纸的大小，然后根据图纸的大小来确定图框的尺寸。在确定图框尺寸时，需要考虑图纸的比例和留白，以确保图框大小合适。同时，在绘制图框时还需要注意线条的清晰度和准确性，以保证图框美观。

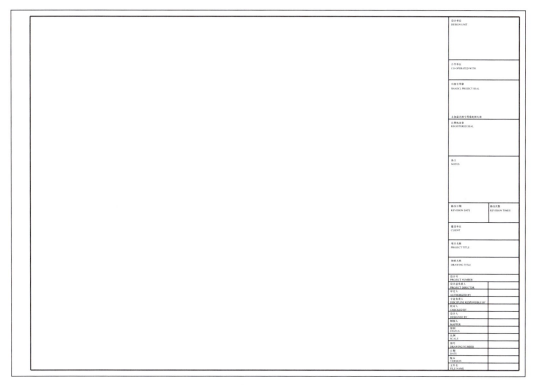

(a) 图框示例

(b) 图框标题栏示例

图 1-2-1 图框和图框标题栏示例

一、图纸幅面

图纸幅面是指图纸的大小规格,常用标准图幅共有 5 种,由小至大分别为 A4、A3、A2、A1、A0 图幅,其具体尺寸见表 1-2-1。各种图纸幅面的尺寸关系为:沿上一号幅面的长边对裁,即为次一号图幅的大小,如图 1-2-2 所示。

设计制图时应优先采用 A4、A3、A2、A1、A0 这 5 种图幅尺寸,必要时也允许加长幅面。加长幅面的尺寸是由基本幅面的短边成整数倍数增加后得出的,如表 1-2-2 所示。

表 1-2-1 图纸幅面及图框尺寸　　　　　　　　　　　　　　　　　　　单位:mm

尺寸代号＼幅面代号	A0	A1	A2	A3	A4
$b\times l$	841×1189	594×841	420×594	297×420	210×297
c	10	10	10	5	5
a	25				

注:1. 表中 b 为幅面短边尺寸,l 为幅面长边尺寸,c 为图框线与幅面线间宽度,a 为图框线与装订边间宽度。
　　2. 此表引自《房屋建筑制图统一标准》(GB/T 50001—2017)。

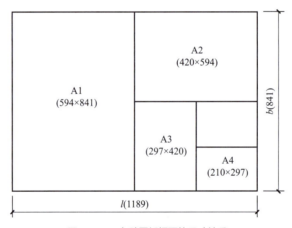

图 1-2-2　各种图纸幅面的尺寸关系

表 1-2-2 图纸长边加长尺寸　　　　　　　　　　　　　　　　　　　单位:mm

幅面代号	长边尺寸	长边加长后的尺寸
A0	1189	1486(A0+1/4l)、1783(A0+1/2l)、2080(A0+3/4l)、2378(A0+l)
A1	841	1051(A1+1/4l)、1261(A1+1/2l)、1471(A1+3/4l)、1682(A1+l)、1892(A1+5/4l)、2102(A1+3/2l)
A2	594	743(A2+1/4l)、891(A2+1/2l)、1041(A2+3/4l)、1189(A2+l)、1338(A2+5/4l)、1486(A2+3/2l)、1635(A2+7/4l)、1783(A2+2l)、1932(A2+9/4l)、2080(A2+5/2l)

续表

幅面代号	长边尺寸	长边加长后的尺寸
A3	420	630（A3+1/2l）、841（A3+l）、1051（A3+3/2l）、1261（A3+2l）、1471（A3+5/2l）、1682（A3+3l）、1892（A3+7/2l）

注：1. 有特殊需要的图纸，可采用 $b×l$ 为 841mm×891mm 与 1189mm×1261mm 的幅面。
　　2. 此表引自《房屋建筑制图统一标准》（GB/T 50001—2017）。

二、图框格式

图纸可以横放，也可以竖放。在图纸上必须用粗实线（线宽约为 1.0 mm 或 1.4mm）画出图框。应注意的是，同一套图一般只采用一种图框格式。

A0 ～ A3 横式幅面见图 1-2-3、图 1-2-4；A0 ～ A4 立式幅面见图 1-2-5、图 1-2-6。

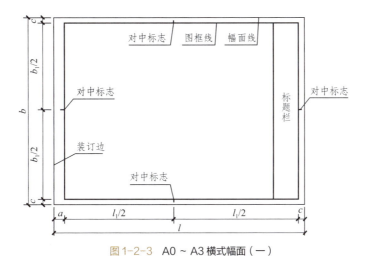

图 1-2-3　A0 ～ A3 横式幅面（一）

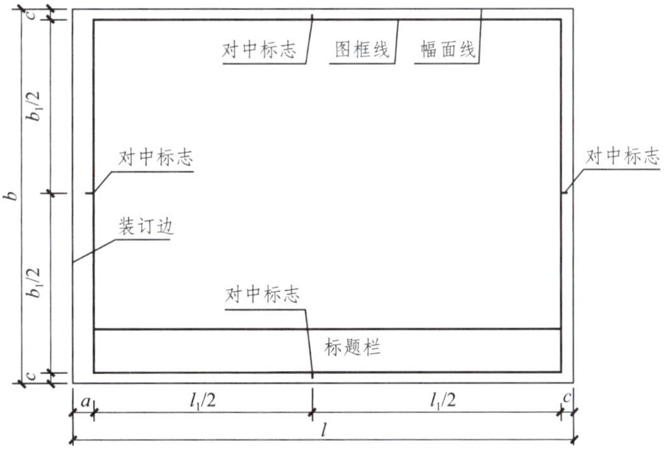

图 1-2-4　A0 ～ A3 横式幅面（二）

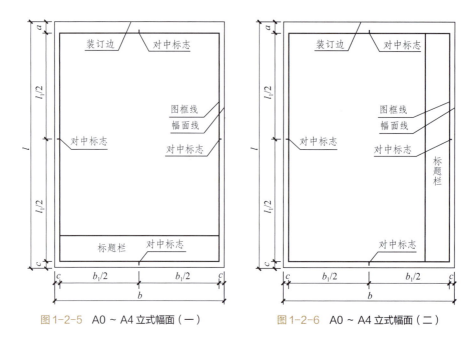

图 1-2-5　A0～A4 立式幅面（一）　　　图 1-2-6　A0～A4 立式幅面（二）

三、标题栏格式

每张图纸都必须有一个标题栏，用来填写工程项目名称、图纸名称、图纸编号、设计单位、设计人名、制图人名、比例等内容。《房屋建筑制图统一标准》（GB/T 50001—2017）对图纸标题栏的尺寸、格式和内容都做了规定。

图 1-2-7（a）是立式标题栏格式，图 1-2-7（b）是横式标题栏格式，图 1-2-8 是标题栏示例。

(a) 立式标题栏格式

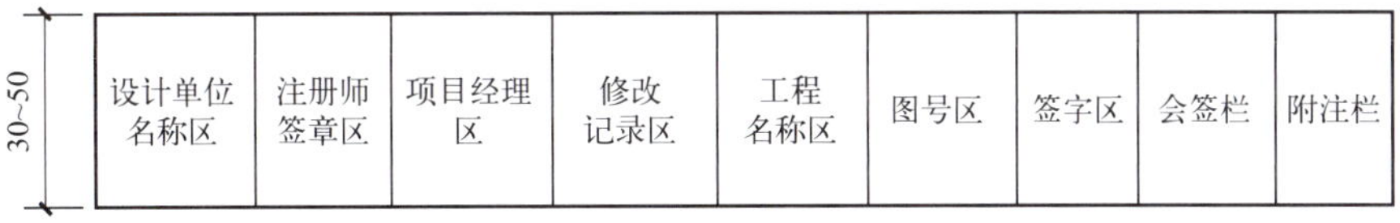

30-50	设计单位名称区	注册师签章区	项目经理区	修改记录区	工程名称区	图号区	签字区	会签栏	附注栏

(b) 横式标题栏格式

图 1-2-7 标题栏格式

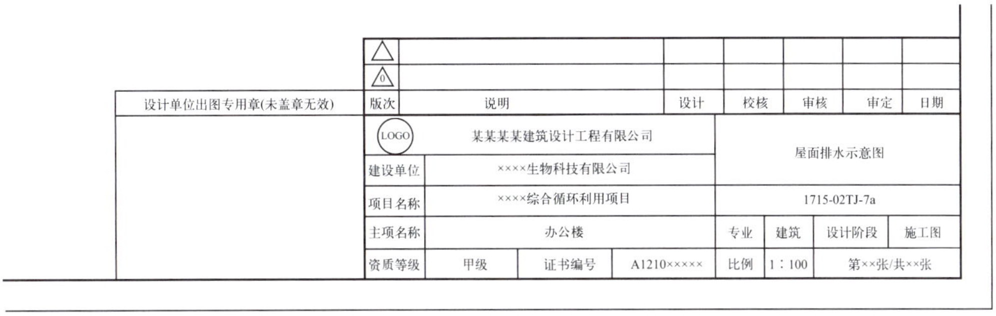

图 1-2-8 标题栏示例

【任务训练】

图框绘制训练

(一) 任务内容

根据所学的制图知识，绘制如图 1-2-9 所示的 A3 图框，要求如下。

图 1-2-9 A3 图框绘制练习

① 绘制清晰准确的图框轮廓。要求图框的线条清晰、平滑，且没有锯齿。
② 确保图框尺寸正确。绘制图框时，要求遵循制图规范进行绘制，注意尺寸和比例的要求。
③ 规范使用线宽和线型。根据需要选择合适的线宽和线型，以便于清楚显示图框。

（二）指导与解析

① 首先确定图纸的图幅为 297mm×420mm，即 A3 图纸，如图 1-2-10 所示。

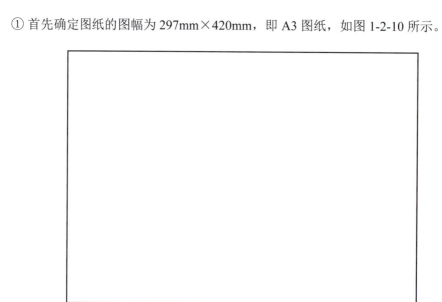

图 1-2-10　图幅的确定

② 根据图纸的图幅，确定图框的尺寸。通常情况下，图框的尺寸略小于图纸的尺寸，留出一定的空白区域，左侧为 25mm，其他为 5mm。选择合适的绘图工具，如尺子和绘图笔，开始绘制图框的轮廓，线宽 1.0mm，如图 1-2-11 所示。

图 1-2-11　图框的绘制

③ 绘制右侧标题栏，宽度为 40～70mm，注意线条的清晰度和准确性，线宽 0.5mm，如图 1-2-12 所示。

图 1-2-12　标题栏的绘制

④ 完成图框的绘制后，可以根据需要对图框进行调整和修改，如增加注释和标记等，以满足不同的需求，如图 1-2-13 所示。

图 1-2-13　注释标题栏中的内容

任务三 图线的应用

教学目标

* 掌握建筑制图标准中的图线规定,包括线宽、线型及用途等方面的使用规范。
* 能规范使用图线,如粗线、细线、虚线、点画线等,来表达建筑的不同部分和功能,绘制图线能做到准确、清晰、易读。

教学重点

* 图线的形式及应用。
* 图线的画法。

【任务引入】

图线是工程制图时所采用的各种样式的线。工程图样是用各种不同类型、不同粗细的图线绘制而成的。图线在工程制图中具有重要的作用,不仅用于表示物体的形状和结构,还用于表达各种技术信息和设计意图。根据不同的应用场景和需求,图线可以分为多种类型,如实线、虚线、点画线、折断线、波浪线等;不同的线型又有不同的应用,例如,用粗实线表示建筑立面图或室内立面图的外轮廓线,用细实线表示图例填充、家具等。

国家标准对图线的宽度、类型及用途有明确规定。图线的选择和使用必须遵循国家标准和规范,确保图纸的清晰度和准确性,有效地表达设计意图,并将设计意图清晰地传达给施工人员和其他相关方。通过本内容的学习,要求能够规范地绘制图线。

【专业知识学习】

一、图线的形式及应用

为使图样层次清晰、主次分明,《房屋建筑制图统一标准》(GB/T 50001—2017)、《建筑制图标准》(GB/T 50104—2010)规定了建筑工程图样中常用的图线名称、线型、宽度及其应用。

图线的基本线宽 b，宜从 1.4mm、1.0mm、0.7mm、0.5mm 线宽系列中选取。每个图样应根据复杂程度与比例大小，先选定基本线宽 b，再选用相应的线宽组（表 1-3-1）。图线宽度不应小于 0.1mm。

表 1-3-1　线宽组　　　　　　　　　　　　　　　　　　　　　　　　单位：mm

线宽比	线宽组			
b	1.4	1.0	0.7	0.5
$0.7b$	1.0	0.7	0.5	0.35
$0.5b$	0.7	0.5	0.35	0.25
$0.25b$	0.35	0.25	0.18	0.13

注：1. 需要缩微的图纸，不宜采用 0.18mm 及更细的线宽。
　　2. 同一张图纸内，各不同线宽中的细线，可统一采用较细的线宽组的细线。
　　3. 此表引自《房屋建筑制图统一标准》（GB/T 50001—2017）。

室内设计等相关专业制图采用的各种图线，应符合表 1-3-2 中的规定。

表 1-3-2　图线

名称		线型	线宽	用途
实线	粗	———	b	平、剖面图中被剖切的主要建筑构造（包括构配件）的轮廓线 建筑立面图或室内立面图的外轮廓线 建筑构造详图中被剖切的主要部分的轮廓线 建筑构配件详图中的外轮廓线 平、立、剖面图的剖切符号
	中粗	———	$0.7b$	平、剖面图中被剖切的次要建筑构造（包括构配件）的轮廓线 建筑平、立、剖面图中建筑构配件的轮廓线 建筑构造详图及建筑构配件详图中的一般轮廓线
	中	———	$0.5b$	小于 $0.7b$ 的图形线、尺寸线、尺寸界线、索引符号、标高符号、详图材料做法引出线，粉刷线，保温层线，地面、墙面的高差分界线等
	细	———	$0.25b$	图例填充线、家具线、纹样线等
虚线	中粗	- - - - -	$0.7b$	建筑构造详图及建筑构配件不可见的轮廓线 平面图中的起重机（吊车）轮廓线 拟建、扩建建筑物轮廓线
	中	- - - - -	$0.5b$	投影线、小于 $0.5b$ 的不可见轮廓线
	细	- - - - -	$0.25b$	图例填充线、家具线等

续表

名称		线型	线宽	用　途
单点长画线	粗		b	起重机（吊车）轨道线
	细		$0.25b$	中心线、对称线、定位轴线
折断线	细		$0.25b$	部分省略表示时的断开界线
波浪线	细		$0.25b$	部分省略表示时的断开界线，曲线形构间断开界线 构造层次的断开界线

注：1. 地平线的线宽可用 $1.4b$。
　　2. 此表引自《建筑制图标准》（GB/T 50104—2010）。

图线及线宽表示方法示例见图 1-3-1 ～图 1-3-4。

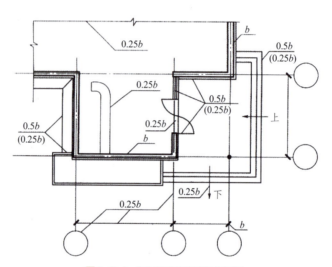

图 1-3-1　平面图图线宽度选用示例

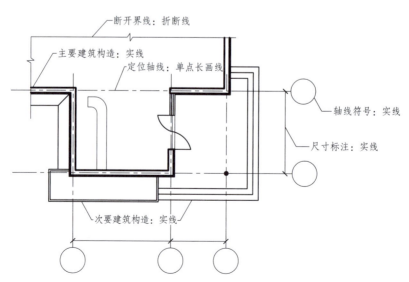

图 1-3-2　平面图图线选用示例解析

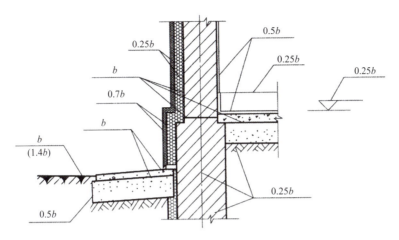

图 1-3-3　墙身剖面图图线宽度选用示例

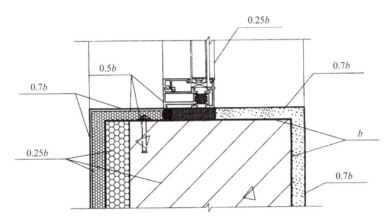

图 1-3-4　详图图线宽度选用示例

图纸的图框和标题栏的图线宽度见表 1-3-3。

表 1-3-3　图框和标题栏线的宽度　　　　　　　　　　　　　　　　　　单位：mm

幅面代号	图框线	标题栏外框线	标题栏分格线
A0、A1	b	$0.5b$	$0.25b$
A2、A3、A4	b	$0.7b$	$0.35b$

二、图线的画法

绘制图线时，应注意以下几点。

① 同一图样中，同类图线的宽度应基本一致。虚线、点画线、双点画线的线段长度和间隔应大体相等。

② 绘制圆的对称中心线、轴线时，其点画线应超出图形轮廓线外 3～5mm，且点画线的首末两端不应采用点，应采用线段。

③ 在较小的图形上绘制点画线、双点画线有困难时，可用细实线代替。

④ 虚线、点画线、双点画线自身相交或与其他任何图线相交时，应以线段相交，而不应在空隙处或点处相交；当虚线是实线的延长线时，连接处应留有空隙。

⑤ 图线不得与文字、数字或符号重叠、混淆，当不可避免时，应首先保证文字的清晰。

图线的画法如图 1-3-5 所示。

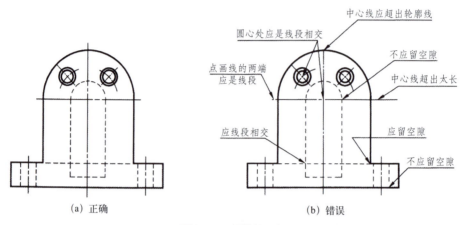

图 1-3-5　图线的画法

【任务训练】

图线应用的对错判断与改正

（一）任务内容

判断图 1-3-6 中图线的绘制是否正确，若有错误的地方请修改过来。

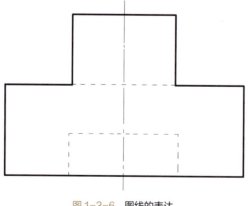

图 1-3-6　图线的表达

（二）指导与解析

① 图线表达不正确之处如图 1-3-7 所示。

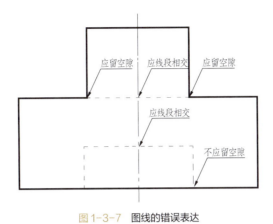

图 1-3-7　图线的错误表达

② 图线正确表达方式如图 1-3-8 所示。

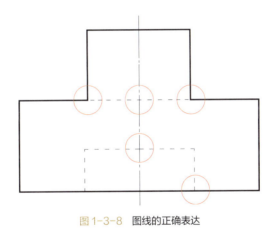

图 1-3-8　图线的正确表达

【拓展学习与检测】

建筑平面图图线绘制训练

（一）任务内容

抄绘图 1-3-9，完成建筑平面图图线绘制练习。

（二）任务要求

① 理解图线的用途，图线的线型、线宽绘制准确、规范，图线的画法正确。

② 图样层次清晰、主次分明，图面美观、洁净。

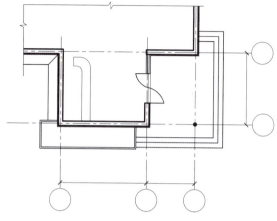

图 1-3-9　建筑平面图图线绘制练习

任务四　比例的选择

教学目标

* 理解比例尺的概念和基本性质，掌握比例尺的选择及换算方法，能根据实际需要选择比例尺。
* 通过比例尺的学习，锻炼学生对空间尺度和距离的判断能力，提高空间思维能力。

教学重点

* 比例的注写。
* 比例的换算。
* 绘图常用比例与可用比例。

【任务引入】

在房屋建筑设计中，比例的选择和应用是非常重要的。比例尺是用来表示设计图纸与实际建筑物之间比例关系的工具，可以帮助设计人员和施工人员更好地理解和实现设计方案。在实际应用中，设计人员应根据设计要求和制图规范选择合适的比例尺，并在设计图纸上清晰标注，以便于施工人员理解和实施。通过本内容的学习，要求掌握比例的换算、比例的注写、绘图比例的选用。

【专业知识学习】

图样的比例是图中图形与实物相对应的线性尺寸之比（线性尺寸是指能用直线表达的尺寸，如直线的长度、圆的直径等）。简单而言，比例是表示图上一条线段的长度与实际长度之比。用公式表示为：比例尺＝图上距离／实际距离。

一、比例的注写

比例符号为"："，比例应以阿拉伯数字表示，分为原值比例（例如1：1），放大比例（比值大于1的比例，例如2：1），缩小比例（比值小于1的比例，例如1：2）3种。

比例宜注写在图名的右侧，字的基准线应取平；比例的字高宜比图名的字高小一号或二号，如图1-4-1所示。

平面图　1：100　　⑥　1：20

图1-4-1　比例的注写

二、比例的换算

如图1-4-2所示，某酒店客房平面布置图放置在A3图幅中，比例1：50表示图纸上的1单位长度代表实际中的50单位长度。这样可以将实际物体以缩小的比例表达在图纸上。

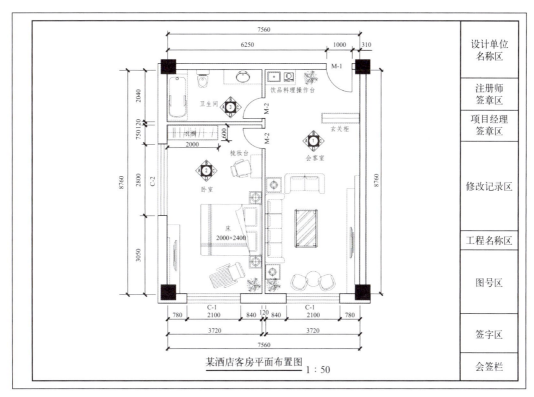

图1-4-2　比例的换算及注写

三、绘图常用比例与可用比例

绘图所用的比例应根据图样的用途与所绘图形的复杂程度进行选择，常用比例和可用比例见表 1-4-1。

表 1-4-1　绘图常用比例与可用比例

常用比例	1∶1、1∶2、1∶5、1∶10、1∶20、1∶30、1∶50、1∶100、1∶150、1∶200、1∶500、1∶1000、1∶2000
可用比例	1∶3、1∶4、1∶6、1∶15、1∶25、1∶40、1∶60、1∶80、1∶250、1∶300、1∶400、1∶600、1∶5000、1∶10000、1∶20000、1∶50000、1∶100000、1∶200000

注：无论采用何种比例绘图，尺寸数值均按原值标注，与绘图的准确程度及所用比例无关。

建筑专业、室内设计专业制图选用的各种比例，宜符合表 1-4-2 的规定。

表 1-4-2　建筑制图选用比例

图名	比例
总平面图	1∶500、1∶1000、1∶2000
建筑物或构筑物的平面图、立面图、剖面图	1∶50、1∶100、1∶150、1∶200、1∶300
建筑物或构筑物的局部放大图	1∶10、1∶20、1∶25、1∶30、1∶50
配件及构造详图	1∶1、1∶2、1∶5、1∶10、1∶15、1∶20、1∶25、1∶30、1∶50

【任务训练】

（一）任务内容

① 某大学的一座教学楼长 150m，宽 90m，在一张平面图上用 30cm 的线段表示教学楼的长，该图的比例尺是（　　），在图上的宽应画（　　）cm。

② 在比例尺为 1∶100 的图纸上，量得操场宽 70cm，操场的实际宽度是（　　）m。

③ 在比例尺是（　　）的平面图上，40cm 的图上距离表示实际距离 240m。

（二）指导与解析

①（1∶500）（18）

②（70）

③（1∶600）

任务五 字体的使用

教学目标

* 掌握工程制图标准中字体的使用规范。
* 能在制图中规范运用字体、字高,满足规范性和易读性的要求。

教学重点

* 文字的字高。
* 汉字的规范书写。
* 数字与字母的规范书写。

【任务引入】

在工程制图领域,字体是技术图样中的一个关键元素。它不仅关系到图样的清晰度和可读性,还直接影响信息传递的准确性和效率。国家制图标准对字体的使用有严格的要求,包括使用标准字体、字号的选择,要求字体必须工整、笔画清楚、间隔均匀、排列整齐等,以确保图样的专业性和规范性,如图1-5-1所示。

【专业知识学习】

一、字高

依据《房屋建筑制图统一标准》

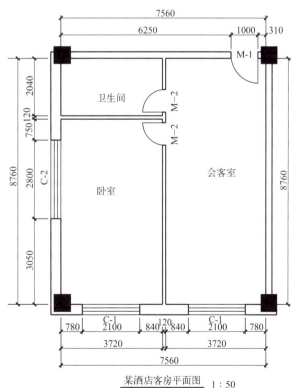

图 1-5-1 图纸中文字的注释

（GB/T 50001—2017），字体的高度（h）应按照表 1-5-1 的规定选用。字高大于 10mm 的文字宜采用 True type 字体，如需书写更大的字体，其高度应按 $\sqrt{2}$ 的倍数递增。

表 1-5-1　文字的字高　　　　　　　　　　　　　　　　　　　　　　　单位：mm

字体种类	汉字矢量字体	True type 字体及非汉字矢量字体
字高	3.5、5、7、10、14、20	3、4、6、8、10、14、20

二、汉字

图样及说明中的汉字应写成长仿宋体或黑体，并应采用国家正式公布的简化字，同一图纸中的字体种类不应超过两种。长仿宋体的高宽关系一般为 $h/\sqrt{2}$（即字宽约等于字高的 2/3）。长仿宋体字的高宽关系见表 1-5-2。黑体字的宽度与高度应相同。大标题、图册封面、地形图等的汉字，为便于辨认，也可书写成其他字体。

表 1-5-2　长仿宋体字高宽关系　　　　　　　　　　　　　　　　　　　单位：mm

字高	20	14	10	7	5	3.5
字宽	14	10	7	5	3.5	2.5

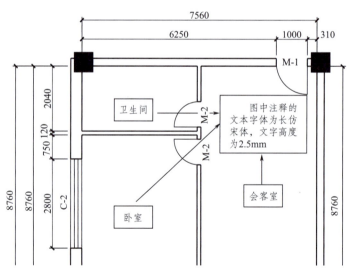

图 1-5-2　字体及字高示例

三、数字与字母

图样中的数字有阿拉伯数字和罗马数字两种，有正体和斜体之分。斜体字字头朝右倾斜，与水平方向约成 75°，斜体字的高度和宽度应与相应的直体字相等。

图样中的字母一般使用拉丁字母，与英文字母和汉语拼音字母写法一样，每种均有大写和小写、正体和斜体之分。书写斜体字母时，通常字头向右倾斜与水平线约成 75°。

拉丁字母、阿拉伯数字与罗马数字的字高不应小于 2.5mm。

数量的数值注写应采用正体阿拉伯数字。各种计量单位凡前面有量值的，均应采用国家颁布的单位符号注写。单位符号应采用正体字母。

字母及数字的书写规则见表 1-5-3。

表 1-5-3　字母及数字的书写规则

书写格式	字体	窄字体
大写字母高度	h	h
小写字母高度（上下均无延伸）	$7/10h$	$10/14h$
小写字母伸出的头部或尾部	$3/10h$	$4/14h$
笔画宽度	$1/10h$	$1/14h$
字母间距	$2/10h$	$2/14h$
上下行基准线的最小间距	$15/10h$	$21/14h$
词间距	$6/10h$	$6/14h$

【任务训练】

文字的规范书写训练

任务内容：根据图 1-5-3 中的示例，练习汉字、字母、数字的规范书写。

图 1-5-3　文字的规范书写训练

任务六 尺寸标注

教学目标

* 掌握尺寸标注的标准和规范，确保尺寸标注的准确性和规范性。
* 理解尺寸标注的基本概念，掌握基本的尺寸标注原则。
* 掌握基本尺寸标注符号的组成及标注方法。
* 掌握尺寸标注的顺序和位置，以便于阅读和理解图纸。

教学重点

* 尺寸的组成。
* 常用的尺寸标注方法。

【任务引入】

尺寸标注是制图中的一个重要环节，建筑形体的形状由图形来表达，而大小则必须由尺寸来确定。尺寸是设计、施工的主要依据。如果尺寸标注错误、不完整或不合理，就会给设计、施工等工作带来困难，甚至造成经济损失。所以在学习制图的过程中，必须重视尺寸的标注，尺寸的标注要符合国家标准，遵守国家标准的相关规定，做到正确、完整、清晰、合理。

通过学习，完成如图 1-6-1 所示的尺寸标注。

【专业知识学习】

一、尺寸标注的基本原则

无论采用何种比例绘图，尺寸标注的数值均按原值标注，与图形所用的比例大小及绘图的准确程度无关。例如，某窗户的实际长度是 2100mm，在图纸中标注窗户长度时，就应该标注为 2100mm。

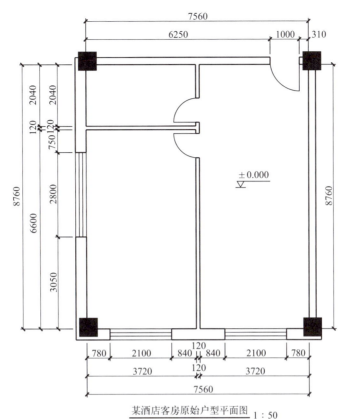

某酒店客房原始户型平面图 1:50

图 1-6-1　某酒店客房原始户型平面图尺寸标注

二、尺寸的组成

图样上的尺寸由尺寸界线、尺寸线、尺寸起止符号和尺寸数字组成，如图 1-6-2 所示。

1. 尺寸界线

表示尺寸的度量范围，用细实线绘制。其一端应离开图样轮廓线不小于 2mm，另一端宜超出尺寸线 2～3mm。必要时，图形的轮廓线、轴线或对称中心线都允许用作尺寸界线，如图 1-6-3 所示。

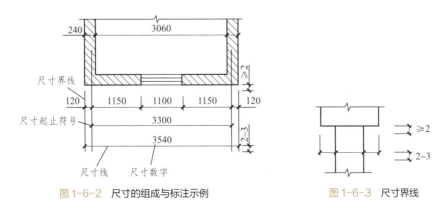

图 1-6-2　尺寸的组成与标注示例　　　　图 1-6-3　尺寸界线

2. 尺寸线

表示尺寸的度量方向和长度,用细实线绘制。尺寸线应与被标注图形的轮廓线平行,且不宜超出尺寸界线。尺寸线不能用其他图线代替或与其他图线重合。

3. 尺寸起止符号

表示尺寸的起止点,位于尺寸线与尺寸界线相交处,用中粗斜短线绘制(倾斜方向与尺寸界线成顺时针45°),长度宜为2～3mm(一般与尺寸界线超出尺寸线长度相等);半径、直径和角度、弧长的尺寸起止符号一般用箭头表示。尺寸起止符号的画法如图1-6-4所示。

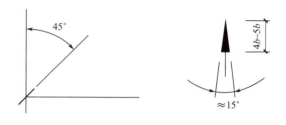

(a) 中粗斜短线式尺寸起止符号　　(b) 箭头式尺寸起止符号

图1-6-4　尺寸起止符号画法示例

4. 尺寸数字

表示尺寸的实际大小,一般用阿拉伯数字写在尺寸线中间位置的上方处或尺寸线的中断处,尺寸数字必须是物体的实际大小,与绘图所用的比例及绘图的精确度无关。建筑工程图上标注的尺寸,除标高和总平面图以米为单位外,其他一律以毫米为单位,图上的尺寸数字不再注写单位,如图1-6-5所示。

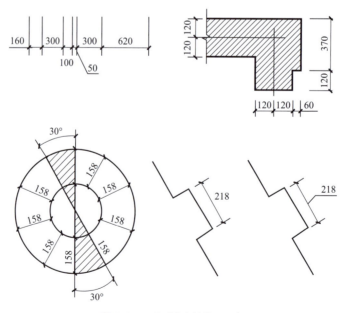

图1-6-5　尺寸数字的注写形式

三、常用的尺寸标注方法

（一）半径、直径、角度、弧长尺寸的标注

标注半径、直径、角度尺寸时，尺寸起止符号一般用箭头表示。

圆或大于半圆的圆弧应标注直径。标注直径尺寸时，尺寸数字前应加符号 ϕ；标注半径尺寸时，尺寸数字前应加符号 R，如图 1-6-6～图 1-6-10 所示。

标注球的直径尺寸时，尺寸数字前应加符号"$S\phi$"；标注球的半径尺寸时，尺寸数字前应加符号"SR"。

标注角度时，角度的尺寸界线应沿径向引出，尺寸线画成圆弧线，圆心是角的顶点，尺寸数字应一律水平书写，如图 1-6-11 所示。

标注圆弧的弧长时，尺寸界线应垂直于被标注圆弧的弦，尺寸线画成圆弧线，圆心是被标注圆弧的圆心，尺寸起止符号应以箭头表示；标注圆弧的弦长时，尺寸界线应垂直于该弦，尺寸线应以平行于该弦的直线表示，尺寸起止符号应以中粗斜短线表示，如图 1-6-12、图 1-6-13 所示。

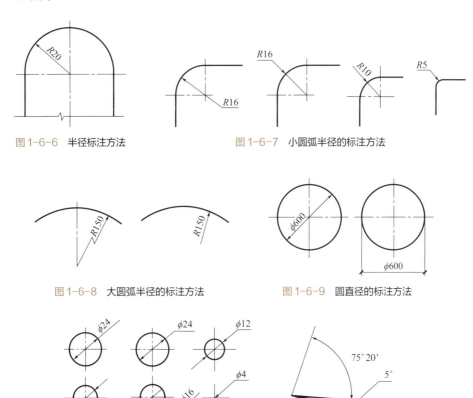

图 1-6-6　半径标注方法　　　　图 1-6-7　小圆弧半径的标注方法

图 1-6-8　大圆弧半径的标注方法　　图 1-6-9　圆直径的标注方法

图 1-6-10　小圆直径的标注方法　　图 1-6-11　角度的标注方法

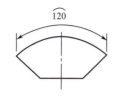
图1-6-12 弧长的标注方法

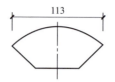
图1-6-13 弦长的标注方法

（二）坡度的标注

坡度常采用百分数、比数的形式标注。标注坡度时，应加注坡度符号，该符号为单面箭头，箭头指向下坡方向。例：坡度2%表示水平距离每100m，垂直方向下降2m，如图1-6-14（a）所示；坡度1：2表示垂直方向每下降1个单位，水平距离为2个单位，如图1-6-14（b）所示。坡度也可以用直角三角形表示，如图1-6-14（c）所示。

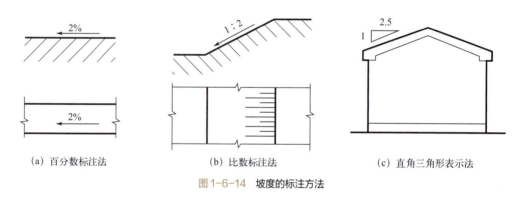

(a) 百分数标注法　　(b) 比数标注法　　(c) 直角三角形表示法

图1-6-14 坡度的标注方法

（三）标高

标高是表示建筑物某一部位相对于基准面（标高零点）的竖向高度，是竖向定位的依据。标高按基准面的不同分为绝对标高和相对标高。

绝对标高是以国家或地区统一规定的基准面作为零点的标高。我国规定以山东青岛附近的黄海平均海平面作为绝对标高的零点。在实际施工中，用绝对标高不方便，一般习惯使用相对标高。相对标高的基准面可以根据工程需要自由选定，一般以建筑物一层室内主要地面作为相对标高的零点（±0.000），比零点高的标高为"＋"，比零点低的标高为"－"。

标高符号应以直角等腰三角形表示。总平面图室外地坪标高符号宜用涂黑的三角形表示。标高数字以米为单位，注写到小数点后第3位，在总平面图中可注写到小数点后第2位。零点标高注写成±0.000，正数标高不注"＋"号，负数标高应注"－"号，如图1-6-15所示。

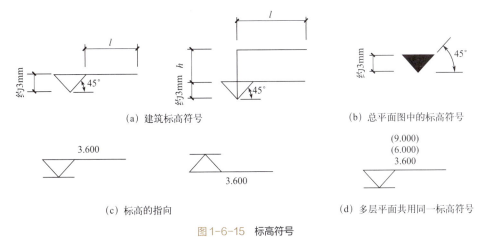

图 1-6-15 标高符号

（*l*——取适当长度注写标高数字；*h*——根据需要取适当高度）

【任务训练】

某建筑平面图尺寸标注训练

根据所学尺寸标注原则及规范要求，按图 1-6-16（a）中所给的尺寸数据，在图 1-6-16（b）中完成尺寸标注。

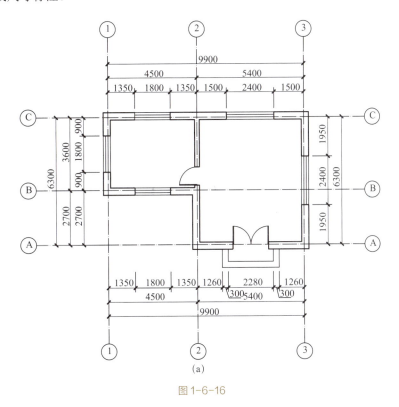

图 1-6-16

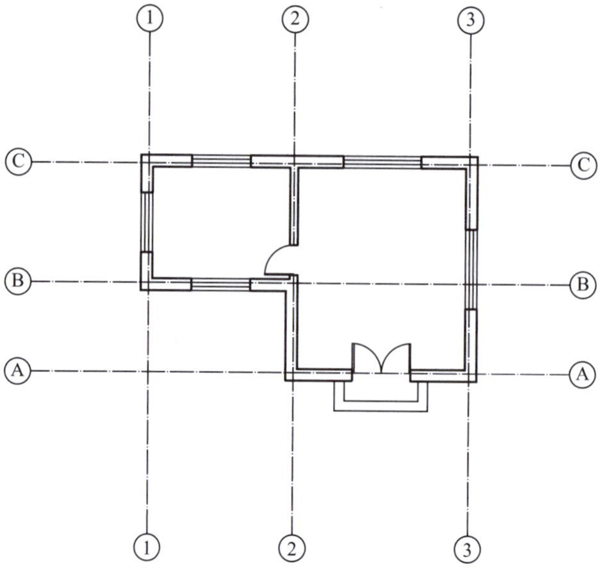

(b)

图 1-6-16　建筑平面图尺寸标注训练

【拓展学习与检测】

某酒店客房原始户型平面图尺寸标注

（一）任务内容

按照所学尺寸标注原则及规范要求，根据图 1-6-1 中所给的尺寸数据，在图 1-6-17 中完成尺寸标注。

（二）指导与解析

① 通常尺寸标注应从左到右，从上到下，如图 1-6-18 所示。
② 完成尺寸标注后，再标注室内标高。
③ 书写图名，标注比例。

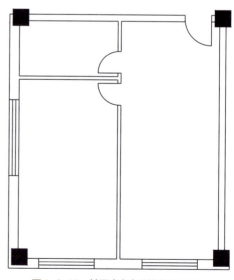

图 1-6-17　某酒店客房原始户型平面图尺寸标注练习

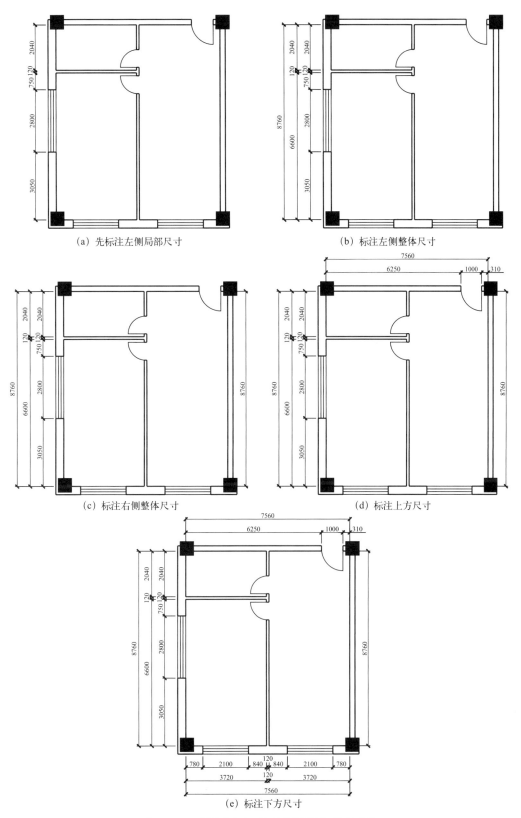

图 1-6-18 某酒店客房原始户型平面图尺寸标注步骤

任务七 建筑施工图中的常用符号

教学目标

* 掌握建筑施工图中常用符号的含义和使用方法。
* 通过常用符号的学习,培养应用和实践的能力。

教学重点

* 剖切符号。
* 索引符号与详图符号。

【任务引入】

在建筑工程中,为了保证制图质量、提高效率、表达统一和便于识读,通常要将施工图中的常用符号进行规范,如剖切符号、内视符号、指北针等,可以帮助设计人员、工程师和建筑工人更好地理解和执行项目要求。本任务将以图 1-7-1 为例来学习建筑施工图中的常用符号。

【专业知识学习】

一、剖切符号

(一)剖面的剖切符号

在剖面图中,用以表示剖切位置的图线叫剖切符号,剖切符号由剖切位置线、剖视方向线、编号组成,如图 1-7-2 所示。

1. 剖切位置线

表示剖切平面的位置,应以粗实线绘制,剖切位置线的长度宜为 6～10mm。

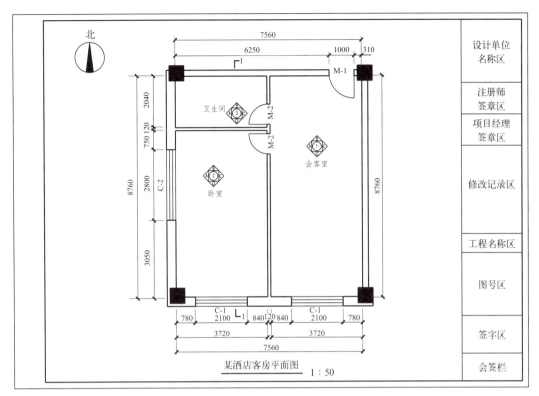

图 1-7-1　建筑平面图中的常用符号

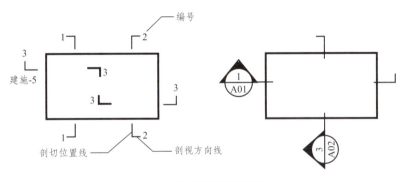

图 1-7-2　剖面的剖切符号

2. 剖视方向线

剖视方向线表示投影方向,应垂直于剖切位置线,以粗实线绘制,长度应短于剖切位置线,宜为 4～6mm。

剖视方向线所在位置方向表示该剖面的剖视方向。

3. 编号

剖视剖切符号的编号宜采用阿拉伯数字,按剖切顺序由左至右、由下向上连续编排,并应注写在剖视方向线的端部。

剖面图的名称应采用相应的编号（如 1—1、2—2）注写在相应剖面图的下方，并在图名下画一条粗实线，其长度为图名所占长度，如图 1-7-3 所示。

图 1-7-3　剖面图的图纸名称

注意：绘图时，剖视剖切符号不应与其他图线相接触。

在建筑平面图中，剖切符号是一种重要的表达手段，能够帮助设计人员更好地理解和实现建筑设计，如图 1-7-4 所示。

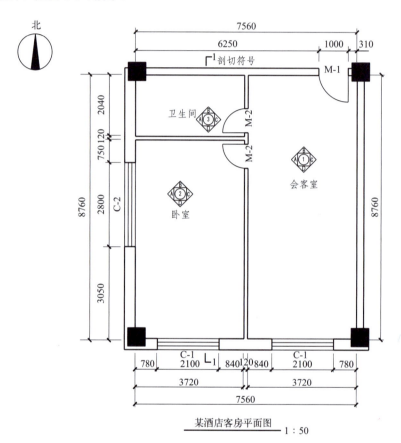

图 1-7-4　平面图上剖切符号应用示例

（二）断面的剖切符号

在断面图中，用以表示断面位置的图线叫断面剖切符号。断面剖切符号由剖切位置线和编号组成，如图 1-7-5 所示。

断面的剖切位置线应以粗实线绘制，剖切位置线的长度宜为 6～10mm。

断面剖切符号的编号应采用阿拉伯数字，按连续顺序编排，并应注写在剖切位置线的一侧；编号所在的一侧为该断面

图 1-7-5　断面的剖切符号

的剖视方向。

如图 1-7-6 所示，为剖面图与断面图的区别。

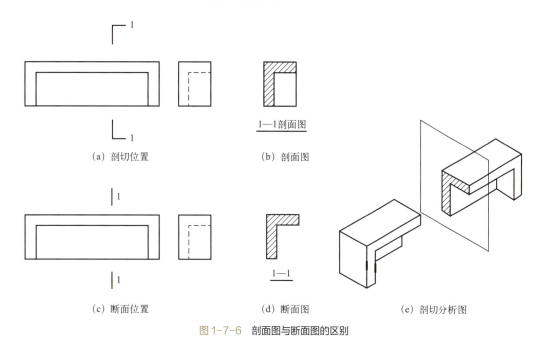

图 1-7-6　剖面图与断面图的区别

二、内视符号

室内立面图的内视符号注明在平面图上，用于表示室内立面在平面图上的位置、方向及立面编号。

内视符号中的圆圈应用细实线绘制，可根据图面比例选择直径 8～12mm 的圆，立面编号宜用拉丁字母或阿拉伯数字，如图 1-7-7、图 1-7-8 所示。

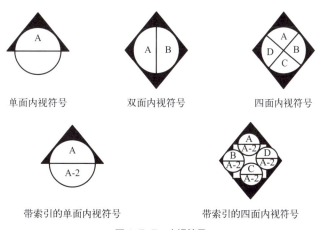

图 1-7-7　内视符号

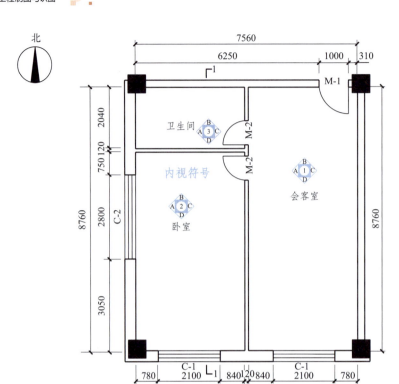

图 1-7-8 平面图上内视符号应用示例

三、索引符号与详图符号

(一) 索引符号

图样中的某一局部或构件,如需另见详图,应以索引符号索引。索引符号的圆及水平直径均应以细实线绘制,圆的直径为 8 ～ 10mm。索引符号的引出线应指在要索引的位置上,当引出的是剖视详图时,用粗实线表示剖切位置,引出线所在的一侧应为剖视方向。索引符号各部分含义如图 1-7-9 所示。

(二) 详图符号

详图的名称和编号应以详图符号表示。详图符号的圆应以粗实线绘制,直径为 14mm。当详图与被索引的图样同在一张图纸内时,应在详图符号内用阿拉伯数字注明详图的编号;若详图与被索引的图样不在同一张图纸内,应用细实线在详图符号内画一水平直径,在上半圆中注明详图编号,在下半圆中注明被索引图纸的编号。详图符号各部分含义如图 1-7-10 所示。

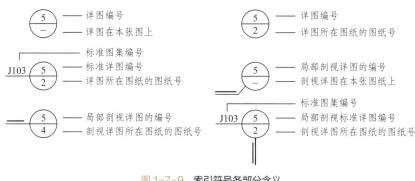

图 1-7-9 索引符号各部分含义

图 1-7-10 详图符号各部分含义

四、指北针

指北针符号的圆直径为 24mm，用细实线绘制，指针尾部的宽度宜为 3mm，指针头部应注"北"或"N"字。需用较大直径绘制指北针时，指针尾部宽度宜为直径的 1/8，如图 1-7-11 所示。

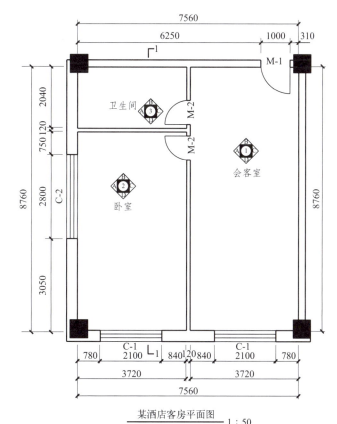

图 1-7-11 平面图上指北针应用示例

【任务训练】

索引符号与详图符号的注写

（一）任务内容

在符号下面的横线上写出图 1-7-12 中符号的名称，在引出线上说明符号中数字的意义。

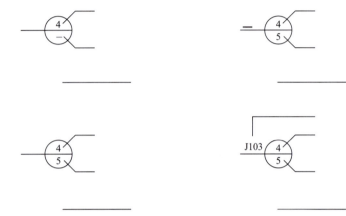

图 1-7-12　任务内容

（二）指导与解析

指导与解析如图 1-7-13 所示。

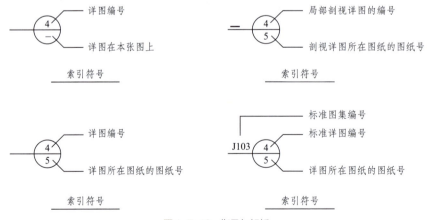

图 1-7-13　指导与解析

任务八 定位轴线的应用

教学目标

* 了解定位轴线的基本概念和作用。
* 掌握定位轴线的编号方法。
* 掌握定位轴线的画法。
* 学会使用定位轴线进行尺寸标注。

教学重点

* 定位轴线的编号。

【任务引入】

如图 1-8-1 所示,建筑墙柱中心位置上横竖交叉的线条就是定位轴线,是在建筑图纸中为了标示墙、柱等主要承重构件的平面位置而人为虚设的一道线。它是施工时定位放线的重要依据,是标注定位尺寸的基准,也是保证施工精准度的关键。

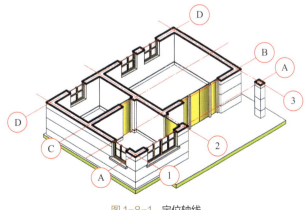

图 1-8-1 定位轴线

【专业知识学习】

建筑施工图中的定位轴线是建筑物承重构件系统定位、放线的重要依据，凡是承重墙、柱等主要承重构件都应标注并架构纵、横轴线来确定其位置；对于非承重的隔墙及次要局部承重构件，可附加定位轴线确定其位置。

定位轴线应以细点画线绘制并加以编号，编号应注写在轴线端部的圆内，圆应用细实线绘制，直径宜为8mm，详图上可增为10mm。定位轴线圆的圆心应在定位轴线的延长线上或延长线的折线上。

① 横向编号应用阿拉伯数字，从左至右顺序编写。
② 竖向编号应用大写英文字母，从下至上顺序编写。
③ 英文字母中的I、O、Z不得用作轴线编号，以免与数字1、0、2混淆。

定位轴线的编号顺序及应用如图 1-8-2、图 1-8-3 所示。

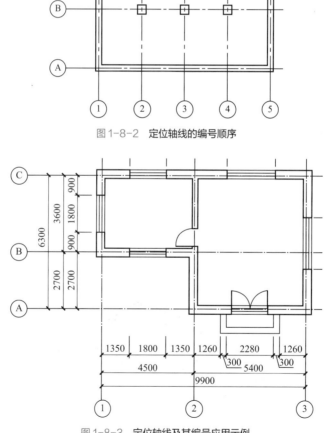

图 1-8-2　定位轴线的编号顺序

图 1-8-3　定位轴线及其编号应用示例

在标注非承重的分隔墙或次要的承重构件时，可用两根轴线之间的附加定位轴线。附加定位轴线的编号应以分数的形式表示。分母表示前一轴线编号，分子表示附加轴线编号，编号宜用阿拉伯数字按顺序编写。例：1/2 表示 2 号轴线之后附加的第一根轴线，3/C 表示

C 号轴线之后附加的第三根轴线；1 号轴线或 A 号轴线之前的附加轴线的分母应以 01 或 0A 表示，见图 1-8-4。

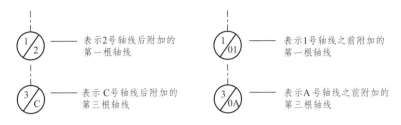

(a) 在定位轴线之后的附加轴线　　　(b) 在定位轴线之前的附加轴线

图 1-8-4　附加定位轴线及其编号

当一个详图适用于几根轴线时，应同时注明各有关轴线的编号，如图 1-8-5 所示。

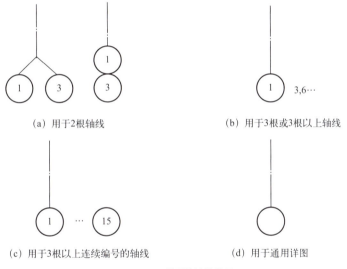

(a) 用于2根轴线　　　　　　　　(b) 用于3根或3根以上轴线

(c) 用于3根以上连续编号的轴线　　(d) 用于通用详图

图 1-8-5　详图的轴线编号

【任务训练】

某建筑平面图轴线编号训练

（一）任务内容

给某建筑平面图（图 1-8-6）中的轴线进行编号，并标注室内标高（地面标高为零点标高）。

（二）指导与解析

正确的轴线编号如图 1-8-7 所示。

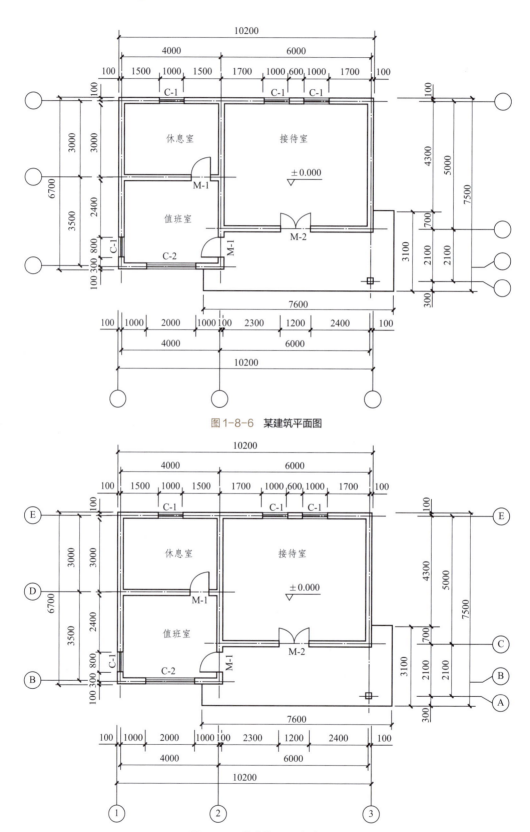

图 1-8-6　某建筑平面图

图 1-8-7　某建筑平面图轴线编号

模块二
形体投影图的识读与绘制

导学指南

建筑施工图、装饰施工图图样均是依据投影原理绘制而成的,所以,在制图中熟练掌握投影原理,对于准确绘制和理解物体的图形表达至关重要。本模块从投影原理及特性出发,重点学习投影的成图原理及其基本规律。掌握好相关知识能为深入学习建筑施工图、装饰施工图的识读与绘制奠定重要的基础。

任务一 正投影基础

教学目标

* 掌握投影的基本概念和分类。
* 掌握正投影的基本性质。
* 掌握三面投影的形成与投影规律。

教学重点

* 正投影的基本性质。
* 三面投影的形成与投影规律。

【任务引入】

如图 2-1-1 所示为一本字典的立体图形,如何用二维平面图形来表达三维立体图形呢?

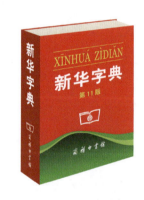

图 2-1-1 字典的立体图

【专业知识学习】

工程图样是应用投影的原理和方法绘制的。了解投影的相关知识是绘制和识读工程图样的基础,投影法是绘制工程图样的基本方法。

一、什么是投影

在日常生活中,当太阳光或灯光照射物体时,在地面或墙壁上会出现物体的影子,这就是投影现象。我们把太阳光或灯光称为投影中心,把光线称为投射线(或者投影线),地面或墙壁称为投影面,影子称为物体在投影面上的投影。这种得到投影的方法称为投影法,如图 2-1-2 所示。

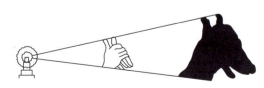

图 2-1-2 投影的示意

二、投影法的种类

从照射光线（投影线）的形式可以看出，光线的发出形式有两种，一种是平行光线，另一种是不平行光线。前者称为平行投影，后者称为中心投影。

（一）中心投影法

投影时投影线交会于投影中心的投影法称为中心投影法，如图 2-1-3 所示。

缺点：中心投影法形成的影子（图形）会随着光源的方向和距离而变化，光源距形体越近，形体投影越大，反之越小，故中心投影法不能真实地反映物体的形状和大小，而且作图复杂，度量性较差，因此在工程图样中很少采用。

优点：具有高度的立体感和真实感，在建筑工程外形设计中常用中心投影法绘制形体的透视图。

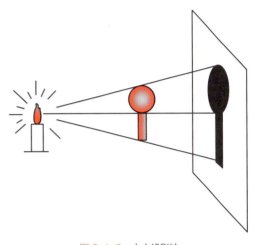

图 2-1-3　中心投影法

（二）平行投影法

投影时投影线都相互平行的投影法称为平行投影法，如图 2-1-4 所示。
根据投影线与投影面是否垂直，平行投影法又可以分为斜投影法和正投影法两种。
① 斜投影法。投影线与投影面相倾斜的平行投影法，如图 2-1-4（a）所示。
② 正投影法。投影线与投影面相垂直的平行投影法，如图 2-1-4（b）所示。

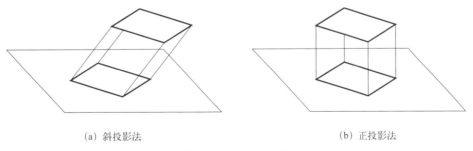

（a）斜投影法　　　　　　　　　　（b）正投影法

图 2-1-4　平行投影法

正投影法具有如下基本特性。
① 显实性。当线段或平面平行于投影面时，线段的投影反映实长，平面的投影反映实形，这种投影特性称为显实性，如图 2-1-5（a）所示。
② 积聚性。当线段或平面垂直于投影面时，线段的投影积聚成点，平面的投影积聚成线，这种投影特性称为积聚性，如图 2-1-5（b）所示。

③ 类似性。当线段或平面倾斜于投影面时,线段的投影仍为线段,但小于实长,平面的投影仍为平面,形状类似,这种投影特性称为类似性,如图2-1-5(c)所示。

正投影法能够准确表达物体的真实形状和大小,且作图简单,易度量,因此在工程图上被广泛应用,建筑施工图即采用平行投影法中的正投影法绘制。

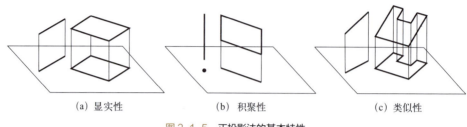

(a) 显实性　　　　　(b) 积聚性　　　　　(c) 类似性

图2-1-5　正投影法的基本特性

三、三面投影图的形成与投影规律

一般情况下,单面投影不能确定物体的形状。如图2-1-6所示,三个不同形状的物体,它们在一个投影面上的投影却相同。因此,要准确反映物体的完整形状和大小,必须增加不同投影方向,在不同的投影面上所得到的投影互相补充,才能确定形体的空间形状和大小。因此,通常多采用三面投影。

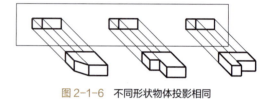

图2-1-6　不同形状物体投影相同

1. 三投影面体系

三个互相垂直的平面所组成的投影面体系中,将形体分别向三个投影面作投影。这三个互相垂直的投影面就组成了三投影面体系,如图2-1-7所示。

三个投影面分别为正立投影面(简称正面,用字母V表示)、水平投影面(简称水平面,用字母H表示)、侧立投影面(简称侧面,用字母W表示)。三个投影面的交线称为投影轴,即OX轴、OY轴、OZ轴。三个投影轴的交点O称为原点。

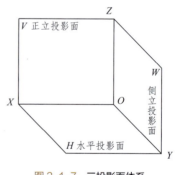

图2-1-7　三投影面体系

2. 三面投影图的形成与展开

将形体放在三投影面体系中,按正投影法向各投影面投射,即可分别得到正面投影、水平投影、侧面投影,如图2-1-8(a)所示。

为了画图方便,需要将三个投影面在一个平面(纸面)上表示出来:正立投影面(V面)

不动，水平投影面（H 面）绕 OX 轴向下旋转 90°，侧立投影面（W 面）绕 OZ 轴向右旋转 90°，这样就得到了在同一平面上的三面投影，如图 2-1-8（b）和（c）所示。

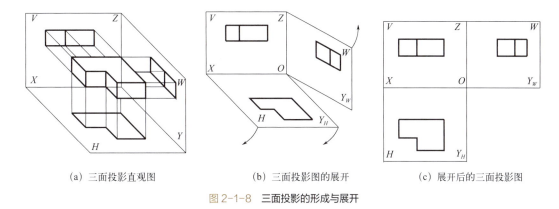

图 2-1-8 三面投影的形成与展开

3. 三面投影图的投影规律

分析三面投影图的形成过程，可以归纳出三面投影图的基本规律，即"长对正、高平齐、宽相等"，如图 2-1-9 所示。

① 正面投影和侧面投影具有相同的高度。
② 水平投影和正面投影具有相同的长度。
③ 侧面投影和水平投影具有相同的宽度。

三面投影图的投影规律反映了三面投影图的重要特性，也是画图和读图的依据。无论是整个物体还是物体的局部，其三面投影都必须符合这一规律。

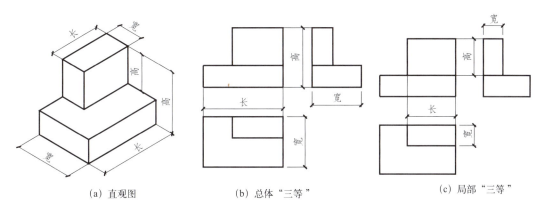

图 2-1-9 三面投影图的基本规律

【任务训练】

基本形体三面投影图绘制训练

如何用二维平面图形来表达三维立体图形呢？可采用三面投影图的方式来表达。字典的三维立体图形,可根据三面投影的形成方式及投影规律绘制在平面图形中。字典的三面投影图形如图 2-1-10 所示。

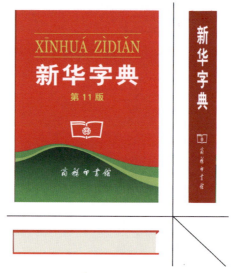

图 2-1-10　字典的三面投影图

【拓展学习与检测】

（一）拓展学习与检测 1

（1）下列投影法中不属于平行投影法的是（　　）。
A. 中心投影法　　　　B. 正投影法　　　　C. 斜投影法

答案：A

（2）工程上常采用的投影法是（　　）。
A. 正投影法　　　　B. 斜投影法　　　　C. 中心投影法

答案：A

（3）为了将物体的外部形状表达清楚,一般采用（　　）个视图来表达。
A. 三　　　　　　　B. 四　　　　　　　C. 五

答案：A

（4）物体由前向（　　）投影,在正投影面得到的视图,称为主视图。
A. 下　　　　　　　B. 后　　　　　　　C. 左

答案：B

（二）拓展学习与检测 2

如图 2-1-11 所示,根据立体图找出对应的三面投影图,在括号中填写对应的编号。

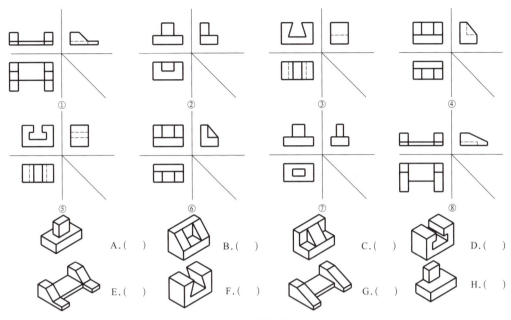

图 2-1-11 投影图识读练习 1

答案：A.（⑦） B.（④） C.（⑥） D.（⑤） E.（①） F.（③） G.（⑧） H.（②）

（三）拓展学习与检测 3

如图 2-1-12 所示，根据立体图，选择 A、B、C 三个面的正确投影。

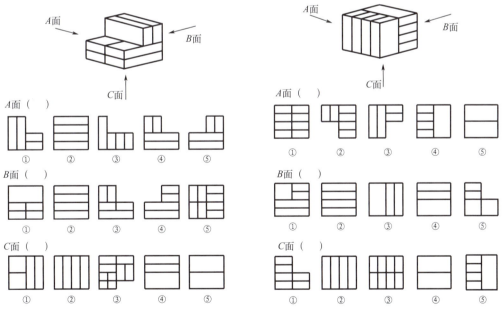

图 2-1-12 投影图识读练习 2

答案：④①⑤　　　　　　　　　　答案：④②⑤

任务二 点、直线、平面的投影

教学目标

* 掌握各种位置点、直线、平面的投影特性和绘图方法。
* 掌握点与点、点与直线、点与平面的相对位置关系。

教学重点

* 点、直线、平面的投影特性和绘图方法。

【任务引入】

如图 2-2-1 所示,为一个台阶的立体图形,它的三面投影图如何表达呢?判断图中点 A 与点 B 的相对位置,线段 AB、BC、CD 的空间位置,以及平面 P、Q 的空间位置。

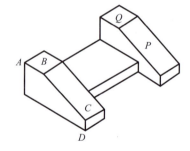

图 2-2-1 台阶的立体图

【专业知识学习】

建筑物可以看成是由若干几何形体组成的,几何形体又可以看成是由若干面、线和点构成的,而点是构成线、面、体最基本的几何元素。因此,学习点、线、面的投影规律和特性,才能透彻理解工程图样所表示物体的具体结构形状。

一、点的投影

点是构成形体的最基本元素,点只有空间位置而无大小。

（一）点的三面投影的形成

如图 2-2-2（a）所示，过点 A 分别向 H、V、W 投影面投射，得到的三面投影分别是 a、a'、a''。把三个投影面展平到一个平面上，即得到 A 点的三面投影图，如图 2-2-2（b）所示。

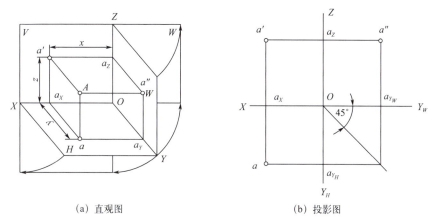

(a) 直观图　　(b) 投影图

图 2-2-2　点的三面投影

（二）点的投影规律

① 点的 V 面投影和 H 面投影的连线垂直 OX 轴，即 $a'a \perp OX$。
② 点的 V 面投影和 W 面投影的连线垂直 OZ 轴，即 $a'a'' \perp OZ$。
③ 点的 H 面投影 a 到 OX 轴的距离等于 W 面投影 a'' 到 OZ 轴的距离，即 $aa_X = a''a_Z$。
根据上述投影规律，若已知点的任何两个投影，就可求出它的第三个投影。

例题　已知点 A 的正面投影 a' 和侧面投影 a''，如图 2-2-3（a）所示，求作其水平投影 a。

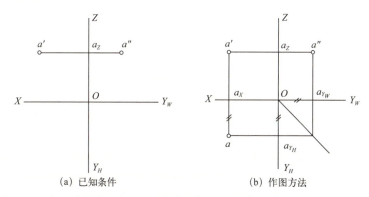

(a) 已知条件　　(b) 作图方法

图 2-2-3　已知点的两个投影求第三个投影

作图步骤：

① 过 a' 作 $a'a_X \perp OX$，并延长；

② 量取 $aa_X = a''a_Z$，求得 a；也可利用 45°线作图，如图 2-2-3（b）所示。

（三）特殊位置点的投影

1. 投影面上的点

点的某一个坐标为零，其一面投影与投影面重合，另外两面投影分别在投影轴上，例如图 2-2-4（a）中 V 面上的点 A。

2. 投影轴上的点（有两个坐标为零）

点的两个坐标为零，其两面投影与投影面重合，另一面投影在原点上，例如图 2-2-4（b）中 OZ 轴上的点 A。

3. 与原点重合的点（有三个坐标都为零）

点的三个坐标均为零，三面投影都与原点重合，如图 2-2-4（c）所示。

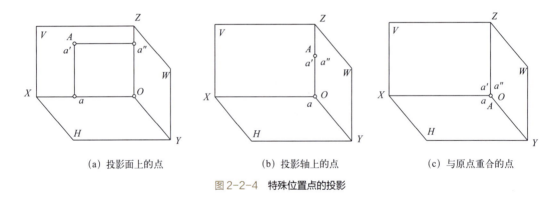

(a) 投影面上的点　　　　(b) 投影轴上的点　　　　(c) 与原点重合的点

图 2-2-4　特殊位置点的投影

（四）两点的相对位置及可见性

1. 两点的相对位置

① x 坐标判断两点的左右关系，x 坐标值大的在左，小的在右。

② y 坐标判断两点的前后关系，y 坐标值大的在前，小的在后。

③ z 坐标判断两点的上下关系，z 坐标值大的在上，小的在下。

如图 2-2-5 所示，若已知空间两点的投影，即点 A 的三个投影 a、a'、a'' 和点 B 的三个投影 b、b'、b''，用 A、B 两点同面投影坐标差就可判别 A、B 两点的相对位置。$x_A > x_B$，表示 B 点在 A 点的右方；$z_B > z_A$，表示 B 点在 A 点的上方；$y_A > y_B$，表示 B 点在 A 点的后方。

总体来说，就是 B 点在 A 点的右、后、上方。

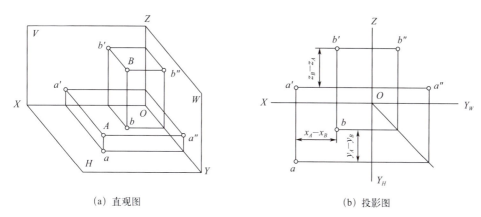

(a) 直观图　　　　　　　　　　(b) 投影图

图 2-2-5　两点的相对位置

2. 重影点及可见性

若空间两点的某两个坐标相同，并在同一投射线上，则这两点在该投影面上的投影重合。这种投影在某一投影面上重合的两个点，称为该投影面的重影点。

当两点的投影重合时，就需要判断其可见性。判断重影点的可见性时，需要看重影点的另一投影面上的投影，坐标值大的点投影可见，反之不可见，不可见点的投影加括号表示，如（d'）。

如图 2-2-6 所示，C、D 两点位于垂直 H 面的投射线上，c、d 重影为一点，则 C、D 两点为对 H 面的重影点，z 坐标值大者为可见，图中 $z_C > z_D$，故点 C 为可见，点 D 为不可见，用 $c(d)$ 表示。

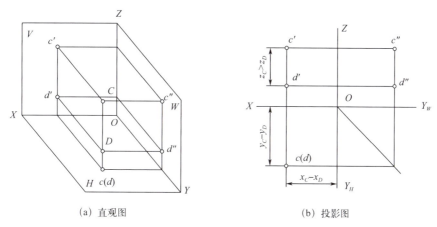

(a) 直观图　　　　　　　　　　(b) 投影图

图 2-2-6　重影点

二、直线的投影

直线的投影一般仍是直线，特殊情况下投影为一点。直线投影的实质，就是直线上两点的同面投影的连线。

（一）各种位置直线的投影

根据直线相对于投影面的位置不同，直线可分为投影面平行线、投影面垂直线和一般位置线。投影面平行线和投影面垂直线又称为特殊位置直线。

1. 投影面平行线

平行于一个投影面，倾斜于另外两个投影面的直线，称为投影面平行线。投影面平行线有三种位置：

① 水平线——平行于 H 面的直线；
② 正平线——平行于 V 面的直线；
③ 侧平线——平行于 W 面的直线。

在三投影面体系中，投影面的平行线只平行于某一个投影面，与另外两个投影面倾斜。这类直线的投影具有反映直线实长和对投影面倾斜的特点，没有积聚性（表 2-2-1）。

表 2-2-1　投影面的平行线

名称	直观图	投影图	投影特性
水平线			① 在 H 面上的投影反映实长，即 $ab=AB$ ② 在 V 面、W 面上的投影平行于投影轴，即 $a'b'//OX$，$a''b''//OY$
正平线			① 在 V 面上的投影反映实长，即 $a'b'=AB$ ② 在 H 面、W 面上的投影平行于投影轴，即 $ab//OX$，$a''b''//OZ$
侧平线			① 在 W 面上的投影反映实长，即 $a''b''=AB$ ② 在 H 面、V 面上的投影平行于投影轴，即 $ab//OY$，$a'b'//OZ$

投影面平行线的投影特性如下。

① 投影面平行线在所平行的投影面上的投影反映实长，此投影与该投影面所包含的投影轴的夹角反映直线对其他两个投影面的倾角。

② 投影面平行线的另外两面投影分别平行于该直线平行的投影面所包含的两个投影轴。

2. 投影面垂直线

垂直于一个投影面，平行于另外两个投影面的直线，称为投影面垂直线。投影面垂直线有三种位置：

① 铅垂线——垂直于 H 面的直线；
② 正垂线——垂直于 V 面的直线；
③ 侧垂线——垂直于 W 面的直线。

在三投影面体系中，如果投影面的垂直线垂直于某个投影面，那么它必然同时平行于其他两个投影面，所以投影面垂直线的投影具有反映实长和积聚的特点（表 2-2-2）。

表 2-2-2 投影面的垂直线

名称	直观图	投影图	投影特性
铅垂线	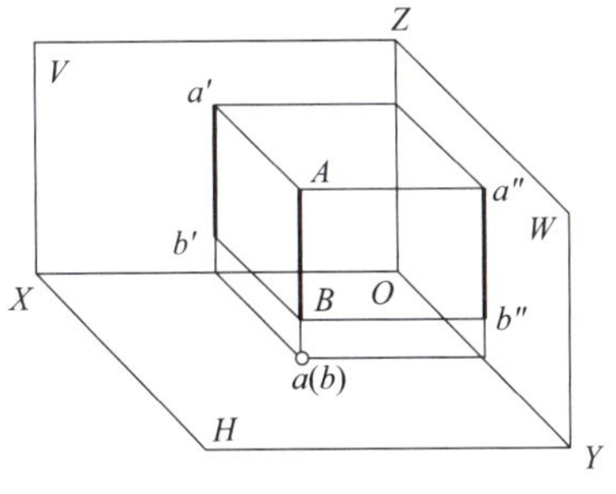	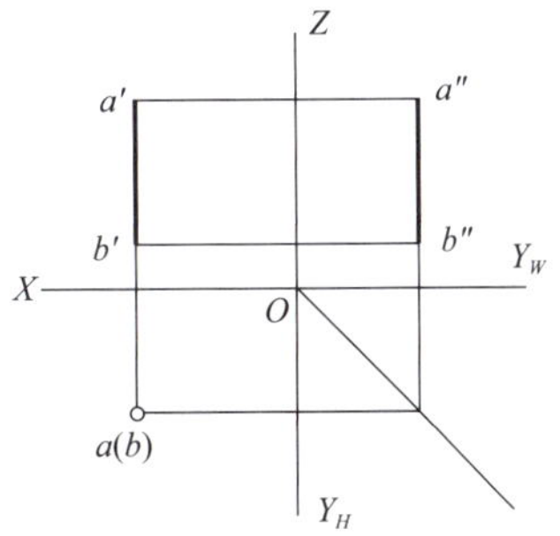	① 在 H 面积聚为一点 ② 在 V 面、W 面上的投影等于实长，且 $a'b'$ 垂直于 OX，$a''b''$ 垂直于 OY
正垂线	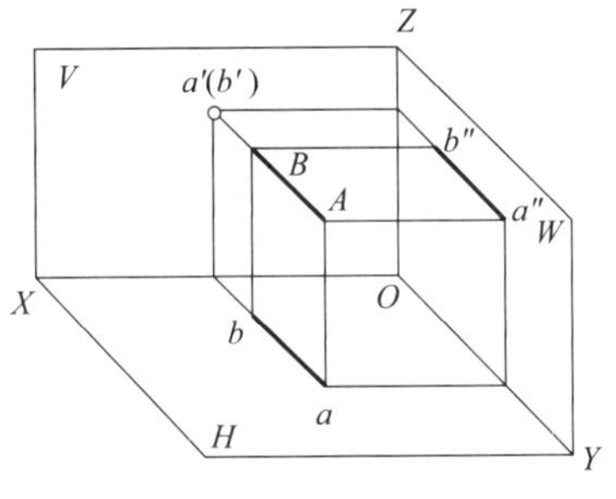	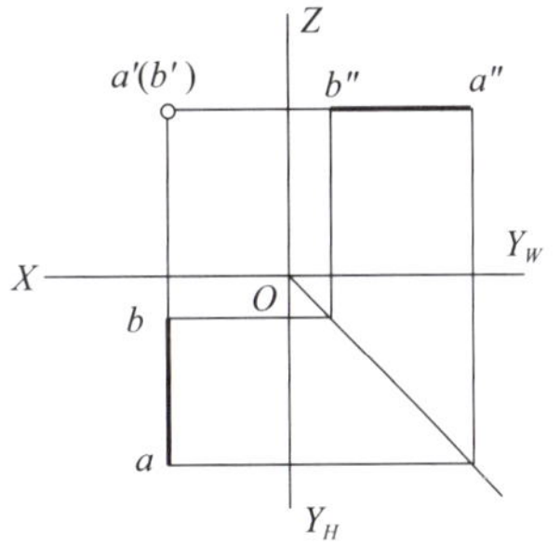	① 在 V 面上积聚为一点 ② 在 H 面、W 面上的投影等于实长，且 ab 垂直于 OX，$a''b''$ 垂直于 OZ
侧垂线	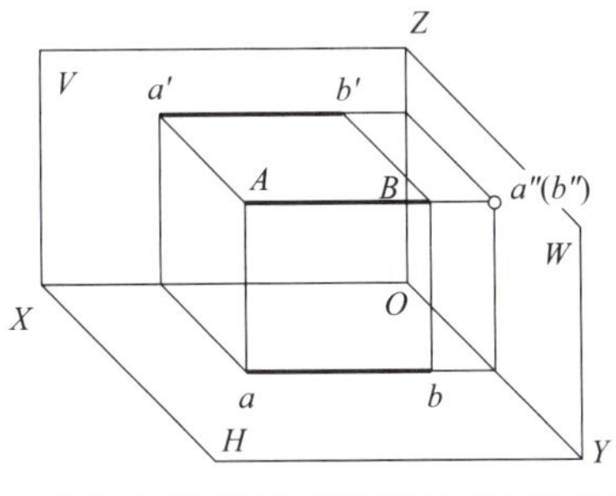	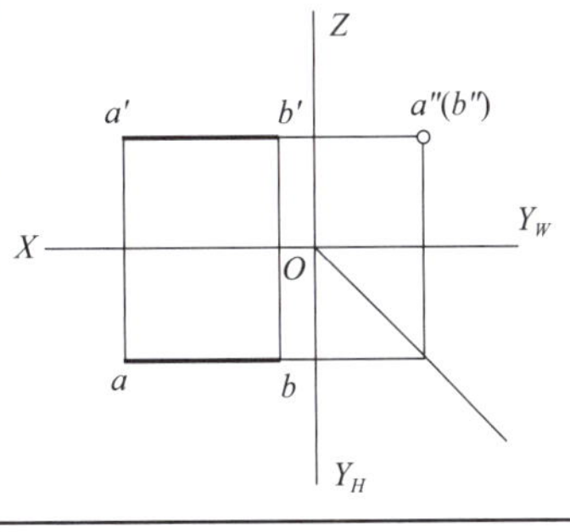	① 在 W 面上积聚为一点 ② 在 H 面、V 面上的投影等于实长，且 ab 垂直于 OY，$a'b'$ 垂直于 OZ

投影面垂直线的投影特性如下。

① 投影面垂直线在所垂直的投影面上的投影积聚为一点。

② 投影面垂直线的另外两面投影分别垂直于该直线垂直的投影面所包含的两个投影轴，且均反映实长。

3. 一般位置直线

对三个投影面都倾斜的直线，称为一般位置直线，如图 2-2-7 所示。

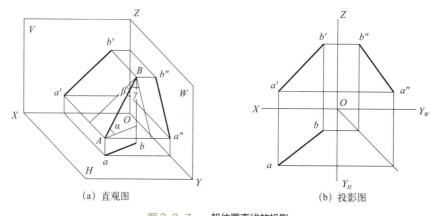

(a) 直观图　　　　　　　　　(b) 投影图

图 2-2-7　一般位置直线的投影

一般位置直线的投影特性为：三个投影都倾斜于投影轴，既不反映实长，也不反映对投影面的倾角。

（二）直线上点的投影

如果点在直线上，则点的各投影必在该直线的同面投影上，且符合点的投影规律，并将直线的各个投影分割成和空间相同的比例。

如图 2-2-8 所示，直线 AB 上有一点 C，则点 C 的三面投影 c、c′、c″ 必定分别在该直线 AB 的同面投影 ab、a′b′、a″b″ 上。且 AC/CB= a′c′/ c′b′=ac/cb=a″c″/c″b″

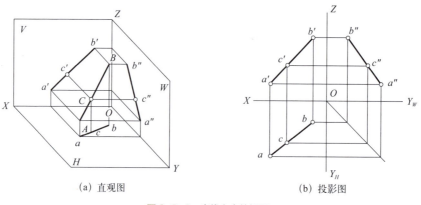

(a) 直观图　　　　　　　　　(b) 投影图

图 2-2-8　直线上点的投影

例题 如图 2-2-9（a）所示，已知侧平线 AB 及点 K 的水平投影 k 和正面投影 k'，判断点 K 是否属于直线 AB。

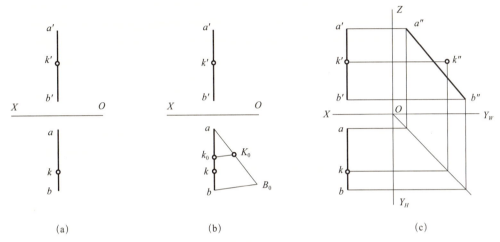

图 2-2-9 判断 K 点是否属于直线 AB

分析：假设点 K 的两个投影已知，另一个投影未知。根据点的投影规律求出未知的投影。如果求出的投影与所给的投影重合，则点 K 属于直线 AB，反之，点 K 不属于直线 AB。

作图步骤：

步骤 1. 过点 a 画任一斜线 aB_0，且截取 $aK_0=a'k'$、$K_0B_0=k'b'$。

步骤 2. 连接 B_0b，过点 K_0 作 $K_0k_0 \parallel B_0b$，且交 ab 于 k_0，可以看出，k_0 与 k 不重合，如图 2-2-9（b）所示。

结论：点 K 不属于直线 AB。

另一种作法，如图 2-2-9（c）所示。

先作出侧面投影 a"b"，再根据点的投影规律由 k、k' 求出 k"。从图中看出，k" 不属于 a"b"，所以得出结论：点 K 不属于直线 AB。

三、平面的投影

（一）平面的几何元素表示法

如图 2-2-10 所示，在投影图上，平面的投影可以用下列任何一组几何元素的投影来表示。

① 不在同一直线上的三个点，如图 2-2-10（a）所示。

② 一条直线与该直线外的一点，如图 2-2-10（b）所示。

③ 相交两直线，如图 2-2-10（c）所示。
④ 平行两直线，如图 2-2-10（d）所示。
⑤ 任意平面图形（三角形、圆等），如图 2-2-10（e）所示。

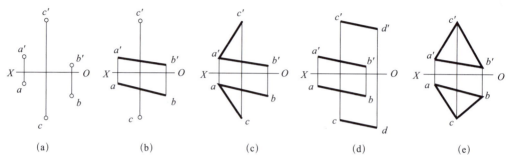

图 2-2-10　用几何元素表示平面

（二）各种位置平面的投影

根据平面与投影面的相对位置不同，可分为投影面平行面、投影面垂直面和一般位置平面。投影面平行面和投影面垂直面又称为特殊位置平面。

1. 投影面平行面

与一个投影面平行，而与另外两个投影面垂直的平面，称为投影面平行面。投影面平行面有三种位置：
① 水平面——平行于 H 面，垂直于 V 面、W 面的平面；
② 正平面——平行于 V 面，垂直于 H 面、W 面的平面；
③ 侧平面——平行于 W 面，垂直于 V 面、H 面的平面。

在三投影面体系中，投影面的平行面平行于某一个投影面，而与另外两个投影面垂直。这类平面的一面投影具有反映平面图形实形的特点，另两面投影有积聚性（表 2-2-3）。

表 2-2-3　投影面平行面

名称	直观图	投影图	投影特性
水平面			① 在 H 面的投影反映实形 ② 在 V 面、W 面的投影积聚成线，且 $p'//OX$，$p''//OY$

续表

名称	直观图	投影图	投影特性
正平面	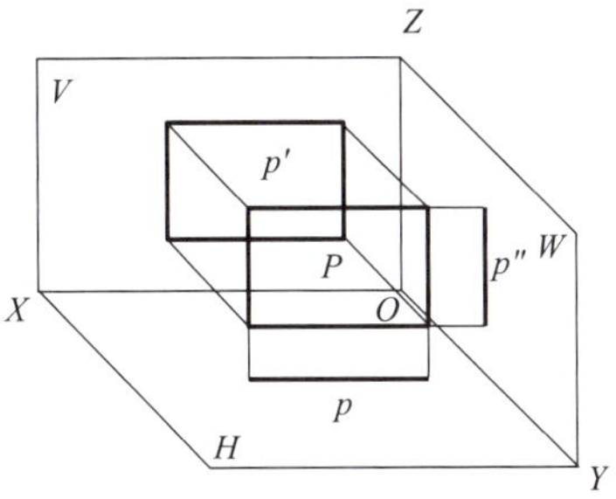	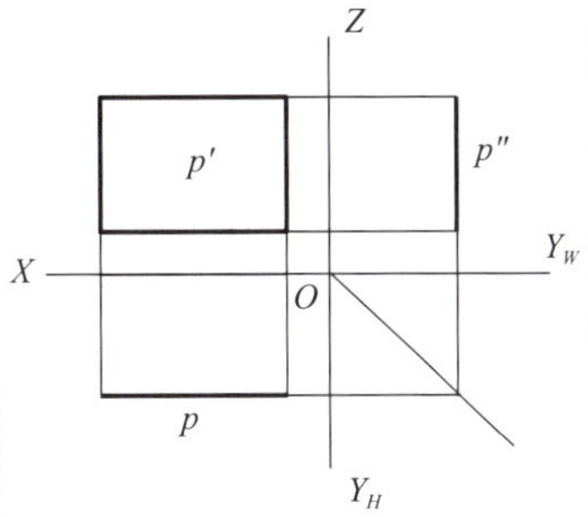	① 在 V 面的投影反映实形 ② 在 H 面、W 面的投影积聚成线,且 $p//OX$,$p''//OZ$
侧平面	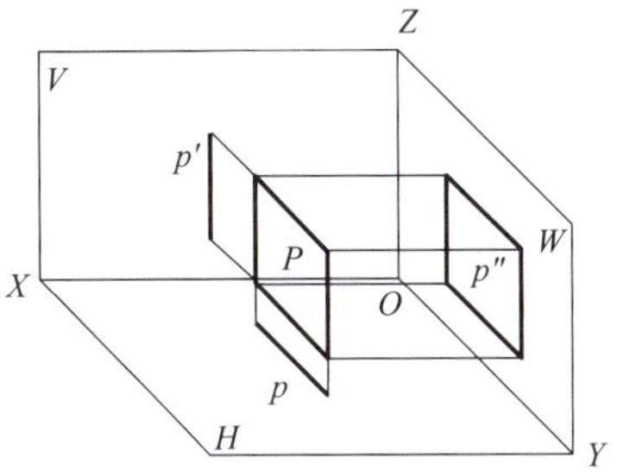	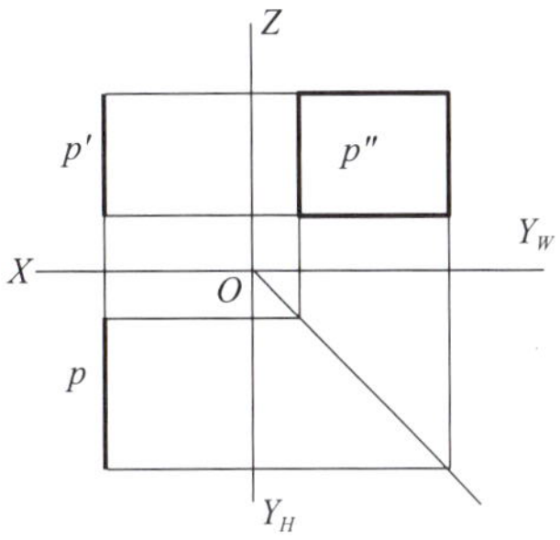	① 在 W 面的投影反映实形 ② 在 H 面、V 面的投影积聚成线,且 $p//OY$,$p'//OZ$

投影面平行面的投影特性如下。

① 在所平行的投影面上的投影反映实形。

② 在另两个投影面上的投影积聚为一条线,且分别平行于平行投影面所包含的两个投影轴。

2. 投影面垂直面

与一个投影面垂直,而与另外两个投影面倾斜的平面,称为投影面垂直面。投影面垂直面有三种位置:

① 铅垂面——垂直于 H 面,倾斜于 V 面、W 面的平面;

② 正垂面——垂直于 V 面,倾斜于 H 面、W 面的平面;

③ 侧垂面——垂直于 W 面,倾斜于 V 面、H 面的平面。

在三投影面体系中,投影面的垂直面只垂直于某一个投影面,而与另外两个投影面倾斜。这类平面的投影具有积聚的特点,能反映对投影面的倾角,但不反映实形(表 2-2-4)。

投影面垂直面的投影特性为:

① 在所垂直的投影面上的投影积聚为一条直线,该直线与投影轴的夹角反映平面对另外两个投影面的倾角;

② 另外两面投影均为小于实形的类似图形。

表 2-2-4　投影面垂直面

名称	直观图	投影图	投影特性
铅垂面	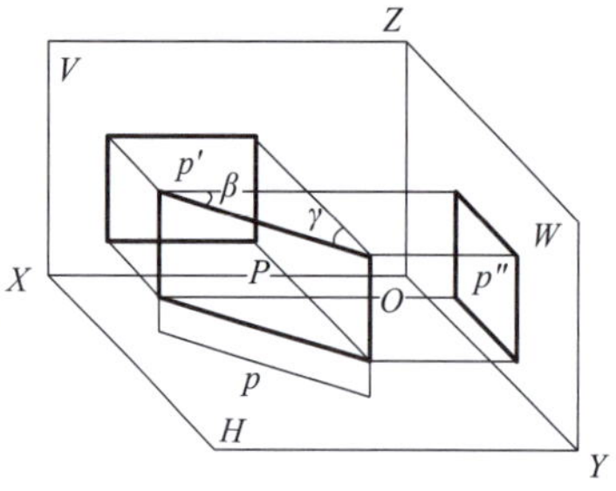	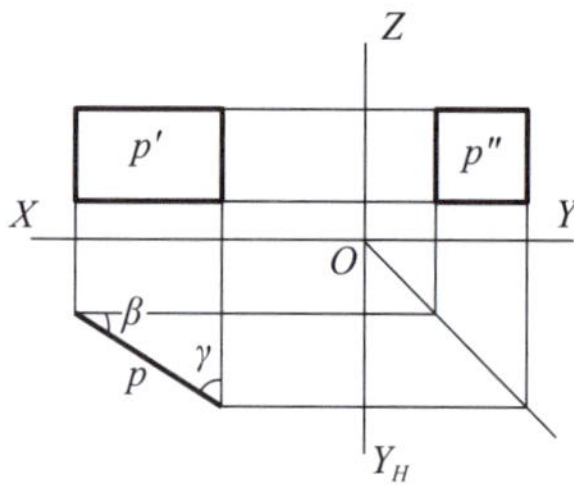	① 在 H 面积聚为一条倾斜直线 ② 在 V 面、W 面上的投影均为小于实形的类似图形
正垂面	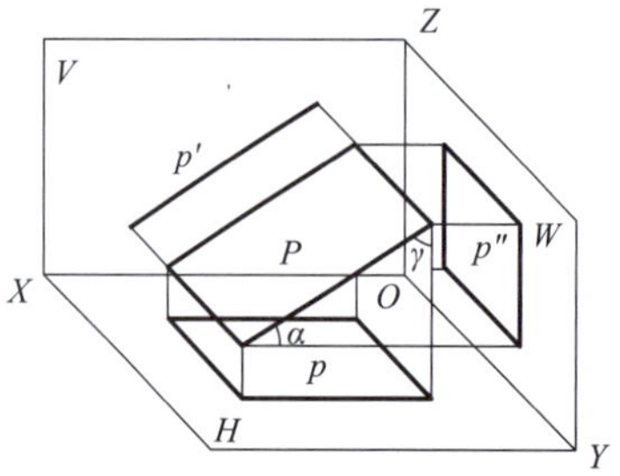	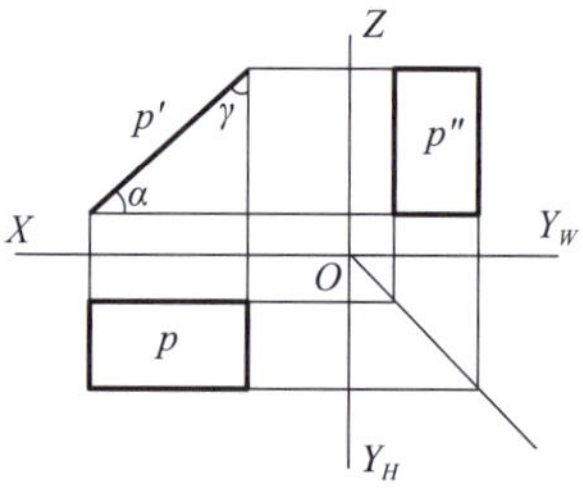	① 在 V 面积聚为一条倾斜直线 ② 在 H 面、W 面上的投影均为小于实形的类似图形
侧垂面	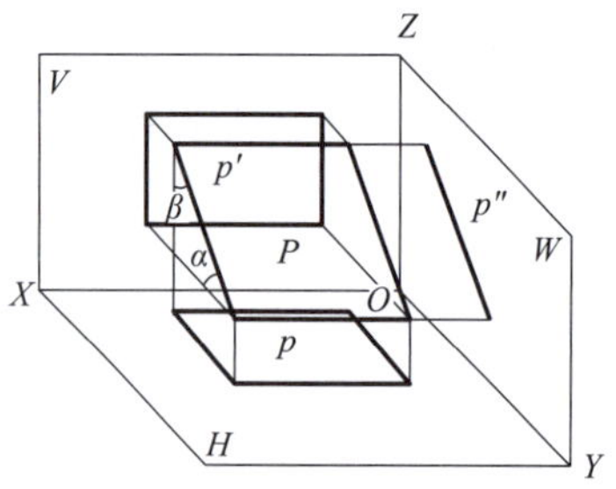	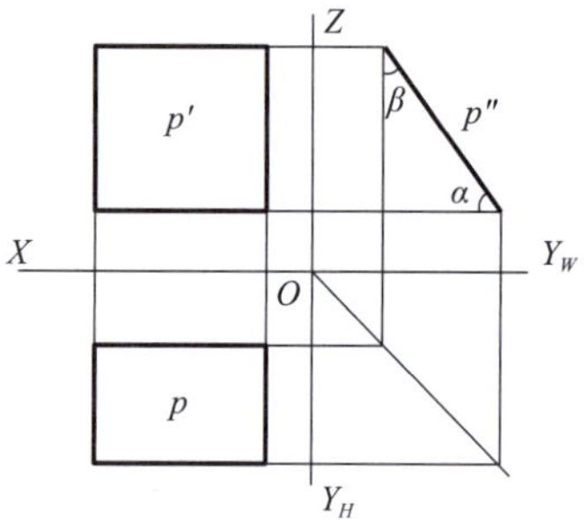	① 在 W 面积聚为一条倾斜直线 ② 在 H 面、V 面上的投影均为小于实形的类似图形

3. 一般位置平面

一般位置平面是指对三个投影面既不垂直又不平行的平面，如图 2-2-11（a）所示。平面与投影面的夹角称为平面对投影面的倾角，平面对 H 面、V 面和 W 面的倾角分别用 α、β 和 γ 表示。由于一般位置平面对 H 面、V 面和 W 面既不垂直也不平行，所以它的三面投影既不反映平面图形的实形，也没有积聚性，均为类似图形，如图 2-2-11（b）所示。

（三）平面上的点和直线

1. 平面上的点

点在平面上的几何条件：若点在平面内的任一直线上，则此点一定在该平面上。

如图 2-2-12（a）所示，平面 P 由相交两直线 AB、BC 确定，M、N 两点分别属于直线 AB、BC，故点 M、N 属于平面 P。

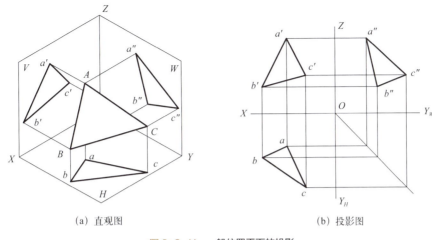

(a) 直观图　　　　　　　　　　　(b) 投影图

图 2-2-11　一般位置平面的投影

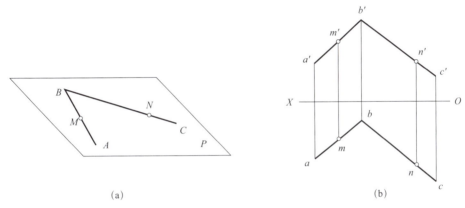

(a)　　　　　　　　　　　　　　(b)

图 2-2-12　平面上的点

在投影图上，若点属于平面，则该点的各个投影必属于该平面内一条直线的同面投影；反之，若点的各个投影属于平面内一条直线的同面投影，则该点必属于该平面。如图 2-2-12（b）所示，在直线 AB、BC 的投影上分别作 m、m′、n、n′，则空间点 M、N 必属于由相交两直线 AB、BC 确定的平面。

2. 平面上的直线

直线在平面上的几何条件：
① 通过平面上的两点；
② 通过平面上一点且平行于平面上的一条直线。

如图 2-2-13（a）所示，平面 P 由相交两直线 AB、BC 确定，M、N 两点属于平面 P，故直线 MN 属于平面 P。在图 2-2-13（b）中，L 点属于平面 P，且 KL ∥ BC，因此，直线 KL 属于平面 P。

在投影图上，若直线属于平面，则该直线的各个投影必通过该平面内两个点的同面投影，或通过该平面内一个点的同面投影，且平行于该平面内另一已知直线的同面投影；反之，若直线的各个投影通过平面内两个点的同面投影，或通过该平面内一个点的同面投影，且平行于该平面内另一已知直线的同面投影,则该直线必属于该平面。如图 2-2-13（c）所示,通过直线 AB、BC 上的点 M、N 的投影分别作直线 mn、m'n',则直线 MN 必属于由相交两直线 AB、BC 确定的平面。如图 2-2-13（d）所示,通过直线 AB 上的点 L 的投影分别作直线 kl ∥ bc、k'l' ∥ b'c',则直线 KL 必属于由相交两直线 AB、BC 确定的平面。

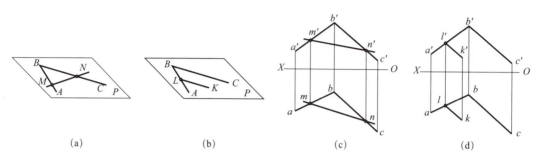

图 2-2-13　平面上的直线

【任务训练】

（一）任务内容

① 根据图 2-2-1 所示台阶的立体图形,在图 2-2-14 中选择正确的三面投影图。

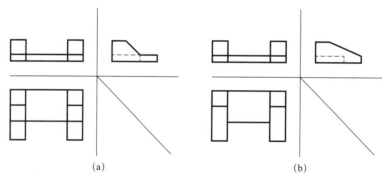

图 2-2-14　台阶的三面投影图

② 在三面投影图中注明 A、B 两点的三面投影,并判断点 A 与点 B 的相对位置。

③ 在三面投影图中注明线段 AB、BC、CD 的三面投影,并判断线段 AB、BC、CD 的空间位置。

④ 在三面投影图中注明平面 P、Q 的三面投影,并判断平面 P、Q 的空间位置。

（二）指导与解析

① 根据三面投影的形成方式及投影规律,台阶的三视图为（b）。

② 在三面投影图中注明 A、B 两点的三面投影,如图 2-2-15 所示。

点 A、B 位于垂直 V 面的投射线上,投影 a'、b' 重影为一点,则点 A、B 为对 V 面的重影点,y 坐标值大者为可见,图中 $y_B > y_A$,故点 B 为可见,点 A 为不可见,用 b'（a'）表示。

③ 在正确的三面投影图中注明线段 AB、BC、CD 的三面投影，如图 2-2-16 所示。

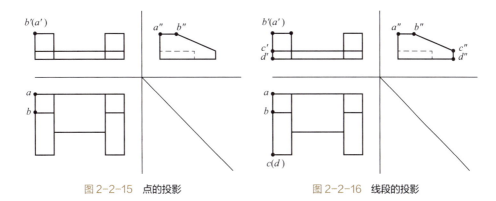

图 2-2-15　点的投影　　　　　　　　图 2-2-16　线段的投影

线段 AB 在俯视图与左视图中的投影均为反映实长的线段，而在主视图中的投影为一点。根据投影规律可知，线段 AB 为正垂线；线段 BC 在左视图中的投影反映实长，在主视图、俯视图中均为缩短的线段，可判断 BC 是侧平线。线段 CD 在主视图与左视图中的投影均为反映实长的线段，而在俯视图中的投影为一点，可判断线段 CD 为铅垂线。

④ 在三面投影图注明平面 P、Q 的三面投影，如图 2-2-17 所示。

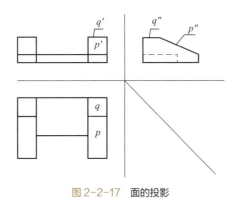

图 2-2-17　面的投影

结合三视图可判断平面 P 的侧面投影积聚为一条斜线段，水平投影和正面投影为类似形，根据平面的投影特性可判断 P 为侧垂面。平面 Q 的正面投影和侧面投影为直线，水平投影反映实形，因此为水平面。

【拓展学习与检测】

(一) 拓展学习与检测 1

(1) 在正投影图的展开图中，A 点的水平投影 a 和正面投影 a′ 的连线必定（　　）于相应的投影轴。

　　A. 平行　　　　　　B. 垂直　　　　　　C. 倾斜　　　　　　D. 相切

（2）根据图 2-2-18 判断哪个点是最前点。（　　）

A. A 点　　　　　　B. B 点　　　　　　C. C 点　　　　　　D. A 点和 C 点

答案：D

（3）如图 2-2-19 所示，直线 AB 是（　　）。

A. 水平线　　　　　B. 正平线　　　　　C. 侧平线　　　　　D. 铅垂线

答案：B

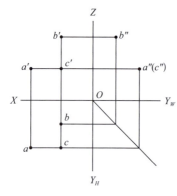

图 2-2-18　点的投影

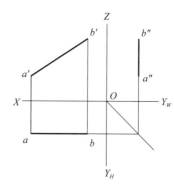

图 2-2-19　线的投影 1

（4）如图 2-2-20 所示，直线 AB 是哪一种位置的直线？（　　）

A. 侧平线　　　　　B. 正垂线　　　　　C. 一般位置直线　　D. 正平线

答案：C

（5）如图 2-2-21 所示，直线 EF 是（　　）。

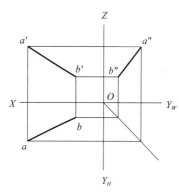

图 2-2-20　线的投影 2

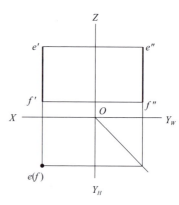

图 2-2-21　线的投影 3

A. 正平线　　　　　B. 侧垂线　　　　　C. 铅垂线　　　　　D. 正垂线

答案：C

（6）如图 2-2-22 所示，直线 AB 是（　　）。

A. 一般位置直线　　B. 正垂线　　　　　C. 水平线　　　　　D. 侧平线

答案：D

（7）如图 2-2-23 所示，两直线的相对位置是（　　）。
A. 平行　　　　　　　B. 相交　　　　　　　C. 交叉

答案：A

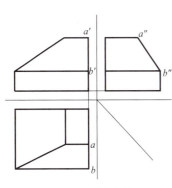

图 2-2-22　线的投影 4

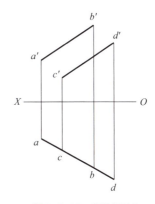

图 2-2-23　线的投影 5

（8）如图 2-2-24 所示，直线 AB、CD 的相对位置是（　　）。
A. 平行　　　　　　　B. 相交　　　　　　　C. 交叉

答案：C

（9）如图 2-2-25 所示，直线 AB、CD 的相对位置是（　　）。
A. 相交　　　　　　　B. 平行　　　　　　　C. 交叉

答案：A

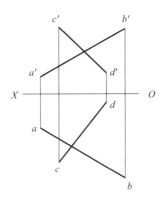

图 2-2-24　线的投影 6

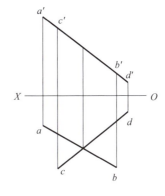

图 2-2-25　线的投影 7

（10）图 2-2-26 中的平面是哪种位置的平面？（　　）
A. 正垂面　　　　　　B. 铅垂面　　　　　　C. 侧垂面　　　　　　D. 水平面

答案：B

（11）图 2-2-27 中的平面是哪种位置的平面？（　　）
A. 正平面　　　　　　B. 水平面　　　　　　C. 侧平面　　　　　　D. 铅垂面

答案：B

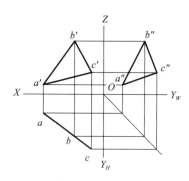

图 2-2-26 面的投影 1

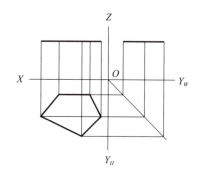

图 2-2-27 面的投影 2

（12）图 2-2-28 中的平面是哪种位置的平面？（　　）

A. 正平面　　　　　　B. 侧垂面　　　　　　C. 一般位置平面　　　　　　D. 水平面

答案：C

（13）图 2-2-29 中，P、Q、R、S 分别是什么面？（　　）

A. P 为正垂面，Q 为侧平面，R 为侧垂面，S 为正平面

B. P 为水平面，Q 为铅垂面，R 为侧垂面，S 为铅垂面

C. P 为水平面，Q 为侧平面，R 为侧垂面，S 为正平面

D. P 为水平面，Q 为侧平面，R 为一般位置面，S 为正平面

答案：C

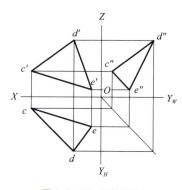

图 2-2-28 面的投影 3

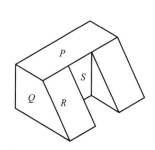

图 2-2-29 面的投影 4

（14）图 2-2-30 中，面 A 是（　　）面；面 C 是（　　）面；面 D 在面 C 之（　　）。

A. 一般位置平面；正平面；前

B. 一般位置平面；正平面；后

C. 正垂面；正平面；前

D. 正垂面；一般位置平面；后

答案：C

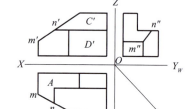

图 2-2-30 面的投影 5

（二）拓展学习与检测 2

（1）在图 2-2-31 的投影图中，试标出立体图上所注点的三面投影。

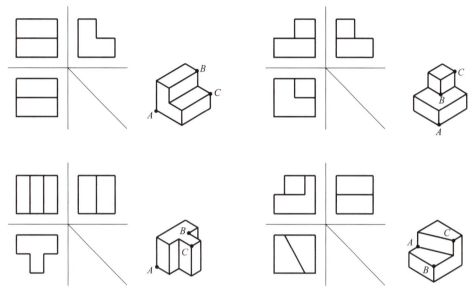

图 2-2-31　立体与投影图 1

（2）在图 2-2-32 中的投影图中，试标出立体图上所注直线段的三面投影。

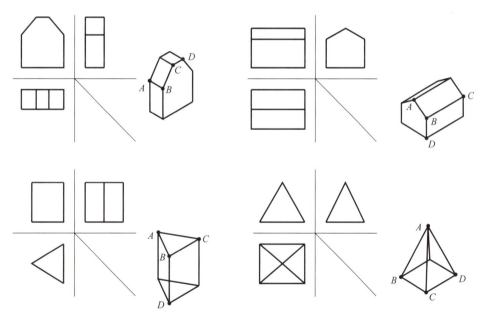

图 2-2-32　立体与投影图 2

（3）在图 2-2-33 中的投影图中，试标出立体图上所注平面的三面投影。

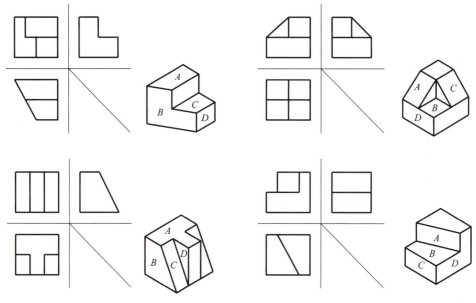

图 2-2-33　立体与投影图 3

任务三　基本体的投影

教学目标

* 了解基本体的概念、分类。
* 掌握基本体三面投影的形成以及三面投影图的画法。
* 能找出基本体与其投影的对应关系。

教学重点

* 基本体三面投影图的画法。
* 基本体表面上点与线的求法。

【任务引入】

如图 2-3-1 所示，为不同形状的边几家具，如何完整地将这些形体用三面投影图的形式进行表达呢？

(a) 边几家具1

(b) 边几家具2

图 2-3-1　边几家具

【专业知识学习】

任何工程建筑物及构件，无论形状复杂程度如何，都可以看作是由一些简单的几何形体组成的。这些最简单的、具有一定规则的几何体称为基本体。基本体按其表面性质，可以分为平面体和曲面体两类。

① 平面体：表面全部由平面所围成的几何体，如棱柱和棱锥等。

② 曲面体：表面全部由曲面或曲面和平面所围成的几何体，如圆柱、圆锥、圆球等。

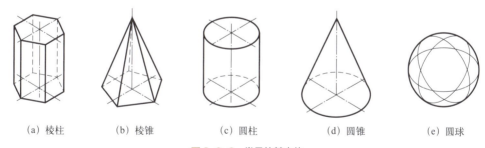

(a) 棱柱　　(b) 棱锥　　(c) 圆柱　　(d) 圆锥　　(e) 圆球

图 2-3-2　常见的基本体

一、平面体的投影

（一）棱柱

1. 棱柱的投影分析

如图 2-3-3 所示，为一个正六棱柱，顶面和底面是相互平行的正六边形，六个棱面均为矩形，且与顶面和底面垂直。为作图方便，选择正六棱柱的顶面和底面平行于水平面，并使前后两个棱面与正面平行。

顶面和底面的水平投影重合，并反映实形——正六边形。六边形的正面和侧面投影分别积聚成直线；六个棱面的水平投影分别积聚成六边形的六条边；由于前后两个棱面平行于正面，所以正面投影反映实形，水平投影和侧面投影积聚成两条直线；其余棱面不平行于正面和侧面，所以它们的正面和侧面投影仍为矩形，但小于原形。

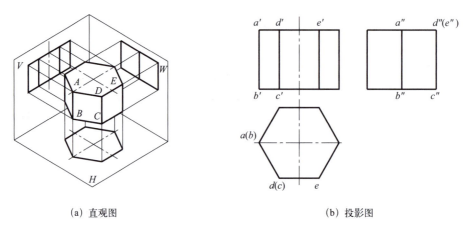

(a) 直观图　　　　　　　　　　(b) 投影图

图 2-3-3　正六棱柱的投影

2. 正六棱柱三面投影作图步骤

步骤1. 画出正面投影和侧面投影的对称线、水平投影的对称中心线。
步骤2. 画出顶面、底面的三面投影。
步骤3. 画出六个棱面的三面投影。
注意：可见棱线画粗实线，不可见棱线画虚线；当它们重影时，画可见棱线。

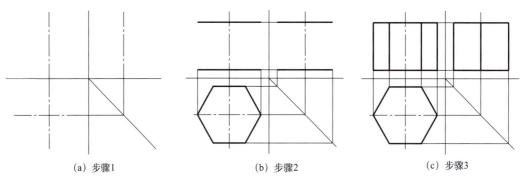

(a) 步骤1　　　　　(b) 步骤2　　　　　(c) 步骤3

图 2-3-4　正六棱柱投影的作图步骤

（二）棱锥

1. 棱锥的投影分析

如图 2-3-5 所示，为一个正三棱锥，由底面和三个棱面组成。棱锥底面平行于水平面，其水平投影反映实形，正面和侧面投影积聚成一直线；后面一个棱面垂直于侧面，它的侧面投影积聚成一直线；其余两个棱面与三个投影面均倾斜，所以三个投影既没有积聚性也不反映实形。

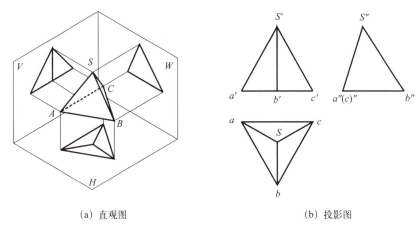

(a) 直观图　　　　　　　　　　　　　　(b) 投影图

图 2-3-5　正三棱锥的投影

2. 正三棱锥三面投影作图步骤

画棱锥的投影时，画出底面△ABC的三面投影和棱线SA、SB、SC的三面投影即可。作图步骤如下。

步骤1. 先从反映底面△ABC实形的水平投影画起，画出△ABC的三面投影。

步骤2. 再画出顶点S的三面投影。

步骤3. 画出棱线SA、SB、SC的三面投影，并判别可见性。

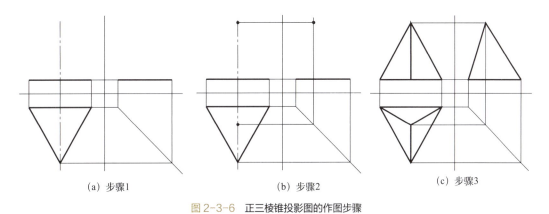

(a) 步骤1　　　　　　　(b) 步骤2　　　　　　　(c) 步骤3

图 2-3-6　正三棱锥投影图的作图步骤

【任务训练】

（一）任务内容

完成边几的三面投影图形绘制，如图 2-3-1（a）所示。

（二）指导与解析

投影分析：该边几由四个桌腿和一个桌面组成。桌腿和桌面均为四棱柱，如图2-3-7（a）所示。绘制该边几的三面投影需分别画出各个四棱柱的三面投影。

作图步骤如下。

步骤1. 绘制边几腿，画出完整四棱柱的三面投影，如图2-3-7（b）所示。

步骤2. 绘制边几桌面，画出完整四棱柱的三面投影，如图2-3-7（c）所示。

步骤3. 检查投影，擦去多余的图线，加粗图形线，完成图形，如图2-3-7（d）所示。

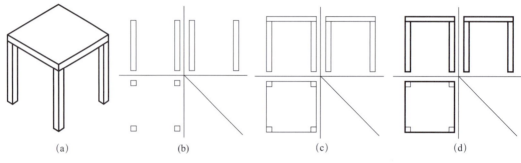

图2-3-7　边几的三面投影图形绘制步骤

二、曲面体的三面投影

（一）圆柱

圆柱表面由圆柱面和两个底面所围成。圆柱面可看作一条直母线 AA_1 围绕与它平行的轴线 OO_1 回转而成。圆柱面上任意一条平行于轴线的直线，称为圆柱素线，如图2-3-8所示。

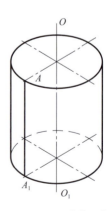

图2-3-8　圆柱的形成

1. 圆柱的投影分析

如图2-3-9所示，当圆柱轴线垂直于水平面时，圆柱上、下底面的水平投影反映实形，正面和侧面投影积聚成一条直线。圆柱面的水平投影积聚为一个圆，与两底面的水平投影重合。在正投影中，前、后两半圆柱的投影重合为一个矩形，矩形的两条竖线分别是圆柱面最左和最右素线的投影，也是圆柱面前、后分界的轮廓线。在侧面投影中，左右两个半圆柱面的投影重合为一个矩形，矩形的两条竖线分别是圆柱面最前和最后素线的投影，也是圆柱面左右分界的轮廓线。

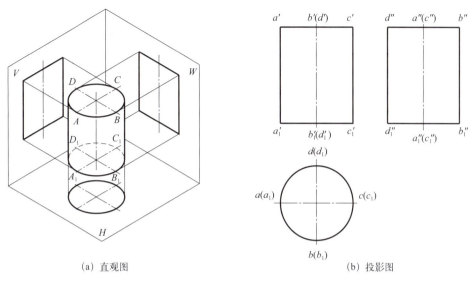

(a) 直观图　　　　　　　　　　　　　　(b) 投影图

图 2-3-9　圆柱的投影

2. 圆柱投影作图步骤

步骤 1. 先用细点画线画出轴线的正面投影、水平投影、侧面投影，如图 2-3-10（a）所示。
步骤 2. 画出圆柱水平投影的圆，及两个底面的其他两个投影，如图 2-3-10（b）所示。
步骤 3. 画出各投影轮廓线，如图 2-3-10（c）所示。

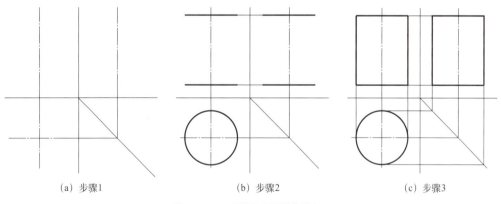

(a) 步骤1　　　　　　　　(b) 步骤2　　　　　　　　(c) 步骤3

图 2-3-10　圆柱投影图的作图步骤

（二）圆锥

如图 2-3-11 所示，以直线 AB 为母线，绕与它相交的轴线 OO_1 回转一周所形成的面称为圆锥面。圆锥面和锥底平面围成圆锥体，简称圆锥。

图 2-3-11　圆锥的形成

1. 圆锥的投影分析

如图 2-3-12 所示，为一个正圆锥，锥底面平行于水平面，其水平投影反映实形，正面和侧面投影积聚成一条直线。圆锥面的三个投影都没有积聚性，其水平投影与底面的水平投影重合，全部可见。正面投影由前、后两个半圆锥的投影重合为一等腰三角形，三角形的两腰分别是圆锥面最左和最右素线的投影，也是圆锥面前后分界的轮廓线。侧面投影由左右两个半圆锥面的投影重合为一等腰三角形，三角形的两腰分别是圆锥最前和最后素线的投影，也是圆锥面左右分界的轮廓线。

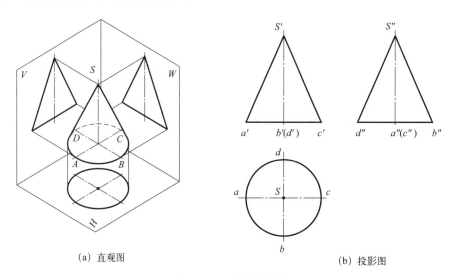

(a) 直观图　　　　　　　　　(b) 投影图

图 2-3-12　圆锥的投影

2. 圆锥投影作图步骤

步骤 1. 先用细点画线画出轴线的正面投影和侧面投影，并画出圆锥水平投影的对称中心线，如图 2-3-13（a）所示。

步骤 2. 画出圆锥底面的三面投影，及圆锥顶点 S 的投影，如图 2-3-13（b）所示。

步骤 3. 画出各投影轮廓线，如图 2-3-13（c）所示。

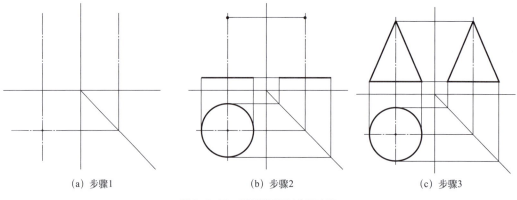

(a) 步骤1　　　　　　(b) 步骤2　　　　　　(c) 步骤3

图 2-3-13　圆锥投影图的作图步骤

(三)圆球

圆球的表面是球面,圆球面可看作是一条圆母线绕通过其圆心的轴线回转而成。

1. 圆球的投影分析

如图 2-3-14(a)所示,为圆球的直观图;如图 2-3-14(b)所示,为圆球的投影。圆球在三个投影面上的投影都是直径相等的圆,但这三个圆分别表示三个不同方向的圆球面轮廓素线的投影。正面投影的圆是平行于 V 面的圆素线 A(它是前面可见半球与后面不可见半球的分界线)的投影。与此类似,侧面投影的圆是平行于 W 面的圆素线 C 的投影;水平投影的圆是平行于 H 面的圆素线 B 的投影。这三条圆素线的其他两面投影都与相应圆的中心线重合,不应画出。

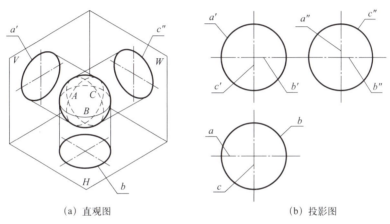

(a)直观图　　　　　　(b)投影图

图 2-3-14　圆球的投影

2. 圆球投影作图步骤

步骤 1. 先确定球心的三面投影。
步骤 2. 过球心分别画出圆球垂直于投影面轴线的三面投影,如图 2-3-15(a)所示。
步骤 3. 画出与球等直径的圆,如图 2-3-15(b)所示。

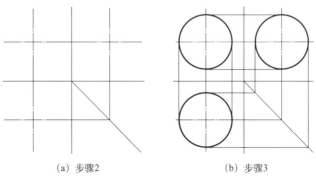

(a)步骤2　　　　　　(b)步骤3

图 2-3-15　圆球投影图的作图步骤

三、求立体表面上点的投影

确定立体表面上点的投影,是绘制组合体投影的基础。点位于立体表面的位置不同,求其投影的方法也就不同。

(一)平面体上的点

1. 棱柱表面上取点

如图 2-3-16 所示,已知棱柱表面上 M 点的正面投影 m',求其水平投影 m 和侧面投影 m"。

分析:由于 m' 可见,所以 M 点在立体的左前棱面上,棱面为铅垂面,其水平投影具有积聚性。M 点的水平投影 m 必在其水平投影上。所以,由 m' 按投影规律可得 m,再由 m' 和 m 可求得 m"。

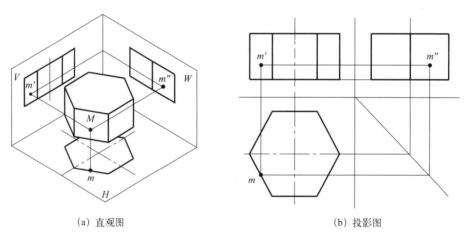

(a)直观图　　　　　　　　　　(b)投影图

图 2-3-16　正六棱柱表面上点的投影

2. 棱锥表面上取点

如图 2-3-17 所示,已知正三棱锥表面上点 M 的正面投影 m' 和点 N 的水平面投影 n,求作 M、N 两点的其余投影。

分析:因为 m' 可见,因此点 M 必定在△ SAB 上。△ SAB 是一般位置平面,采用辅助线法,过点 M 及锥顶点 S 作一条直线 SK,与底边 AB 交于点 K。过 m' 作 s'k',再作出其水平投影 sk。由于点 M 属于直线 SK,因此根据点在直线上的从属性质可知 m 必在 sk 上,求出水平投影 m,再根据投影 m、m' 可求出投影 m"。

因为点 N 不可见,故点 N 必定在棱面△ SAC 上。棱面△ SAC 为侧垂面,它的侧面投影积聚为直线段 s"a"(c"),因此 n" 必在 s"a"(c")上,由投影 n、n" 即可求出投影 n'。

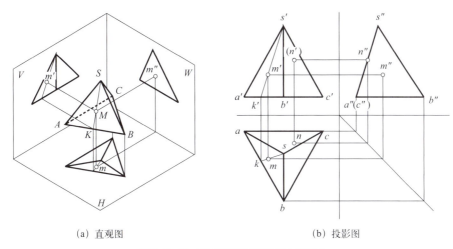

(a) 直观图 (b) 投影图

图 2-3-17　正三棱锥体表面上的点的投影

（二）曲面体上的点

1. 圆柱表面上取点

如图 2-3-18 所示，已知圆柱表面上 M 点的正面投影 m′，求 M 点的其他投影。

分析：根据圆柱面侧面投影的积聚性做出 m″，由于 m′ 可见，因此确定 M 点在圆柱面上的位置（上、前圆柱面上），m″ 必在侧面投影圆的前半圆周上。再按投影关系作出 m，由于点 M 在上半圆柱面上，所以 m 可见。

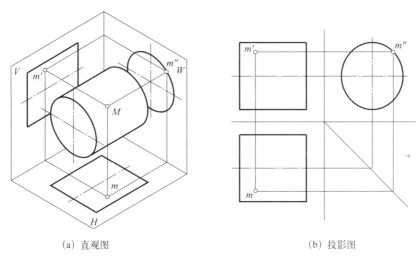

(a) 直观图 (b) 投影图

图 2-3-18　圆柱表面上点的投影

2. 圆锥表面上取点

（1）辅助素线法

如图 2-3-19（a）所示，过锥顶点 S 和点 M 作一直线 SA，与底面相交于点 A。点 M 的各个投影必在直线 SA 的相应投影上。在图 2-3-19（b）中过 m′ 作 s′a′，然后求出其水平投影 sa。由于点 M 属于直线 SA，因此根据点在直线上的从属性质可知 m 必在 sa 上，由此求出水平投影 m，再根据 m、m′ 可求出 m″。

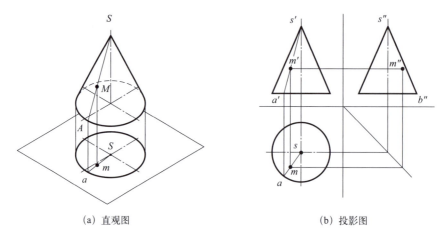

(a) 直观图　　　　　　　　　　　(b) 投影图

图 2-3-19　利用辅助素线法求圆锥表面上点的投影

（2）辅助圆法

如图 2-3-20（a）所示，过圆锥面上点 M 作一个垂直于圆锥轴线的辅助圆，点 M 的各个投影必在此辅助圆的相应投影上。在图 2-3-20（b）中过 m′ 作水平线 a′ b′，此为辅助圆的正面投影积聚线。辅助圆的水平投影是一个直径等于 a′b′ 的圆，圆心为 s，由 m′ 向下引垂线与此圆相交，且根据点 M 的可见性即可求出 m。然后再由 m′ 和 m 求出 m″。

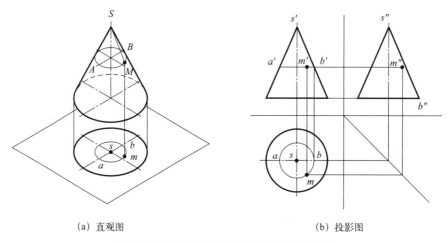

(a) 直观图　　　　　　　　　　　(b) 投影图

图 2-3-20　利用辅助圆法求圆锥表面上点的投影

3. 圆球表面上取点

圆球表面上取点可采用辅助圆法。圆球面的投影没有积聚性，求作其表面上点的投影需采用辅助圆法，即过该点在球面上作一个平行于任一投影面的辅助圆。

如图 2-3-21（a）所示，已知球面上点 M 的水平投影，求作其余两个投影。过点 M 作一个平行于正面的辅助圆，它的水平投影为过 m 的直线 ab，正面投影为直径等于 ab 长度的圆。自 m 向上引垂线，在正面投影上与辅助圆相交于两点。又由于 m 可见，故点 M 必在上半个圆周上，据此可确定位置偏上的点即为 m'，再由 m、m' 可求出 m''，如图 2-3-21（b）所示。

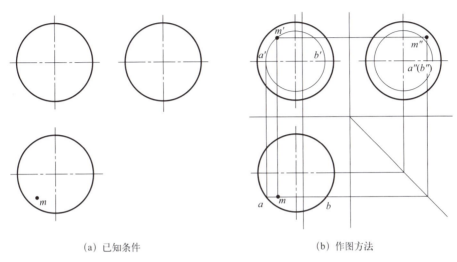

(a) 已知条件　　　　　　　　(b) 作图方法

图 2-3-21　圆球表面上点的投影

四、基本体尺寸标注

基本体一般只需注出长、宽、高三个方向的尺寸。

标注平面立体如棱柱、棱锥的尺寸时，应注出底面（或上、下底面）的形状和高度尺寸，如图 2-3-22（a）～（d）所示。

标注圆柱和圆锥（台）的尺寸时，需要注底圆的直径尺寸和高度尺寸。一般把这些尺寸注在非圆投影图中，且在直径尺寸数字前加注符号 ϕ，如图 2-3-22（e）～（g）所示。

球体的尺寸应在 ϕ 或 R 前加注字母 S，如图 2-3-22（h）所示。

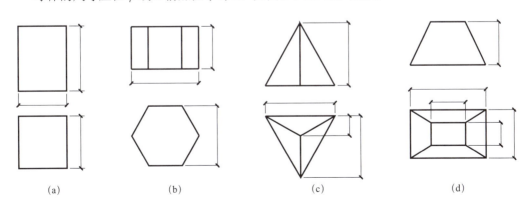

(a)　　　　　　(b)　　　　　　(c)　　　　　　(d)

图 2-3-22

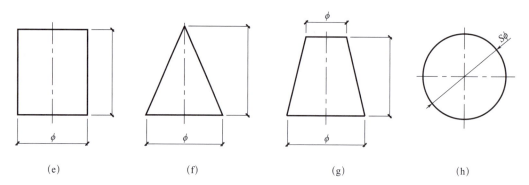

(e)　　　　　　　(f)　　　　　　　(g)　　　　　　　(h)

图 2-3-22　基本尺寸标注

【任务训练】

（一）任务内容

完成图 2-3-1（b）中边几的三面投影图形绘制。

（二）指导与解析

投影分析：该边几由一个桌腿和一个桌面组成。桌腿为一个圆台，桌面为一个圆柱，如图 2-3-23（a）所示。绘制三面投影需分别画出圆台与圆柱的三面投影。

作图步骤如下。

步骤 1. 绘制边几腿，画出完整圆台的三面投影，如图 2-3-23（b）所示。

步骤 2. 绘制边几桌面，画出完整圆柱的三面投影，如图 2-3-23（c）所示。

步骤 3. 检查投影，擦去多余的图线，加粗图形线，完成图形，如图 2-3-23（d）所示。

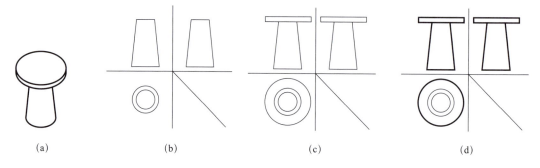

(a)　　　　　　　(b)　　　　　　　(c)　　　　　　　(d)

图 2-3-23　边几的三面投影图形绘图步骤

【拓展学习与检测】

（一）拓展学习与检测 1

（1）如图 2-3-24 所示，已知主视图和俯视图，那么正确的左视图是（　　）。

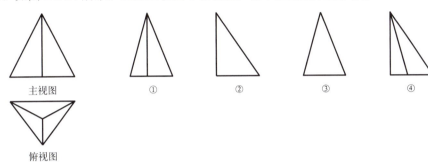

图 2-3-24　投影图识读练习 1

A. ①　　　　　　B. ②　　　　　　C. ③　　　　　　D. ④

答案：C

（2）如图 2-3-25 所示，已知主视图和俯视图，那么正确的左视图是（　　）。

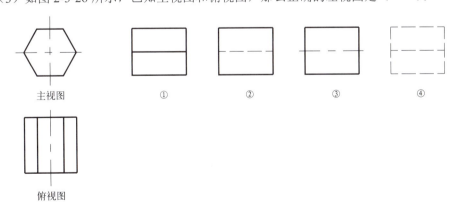

图 2-3-25　投影图识读练习 2

A. ①　　　　　　B. ②　　　　　　C. ③　　　　　　D. ④

答案：C

（3）如图 2-3-26 所示，已知主视图和俯视图，那么正确的左视图是（　　）。

图 2-3-26　投影图识读练习 3

A. ①　　　　　　B. ②　　　　　　C. ③　　　　　　D. ④

答案：A

（4）如图 2-3-27 所示，已知主视图和俯视图，那么正确的左视图是（　　）。

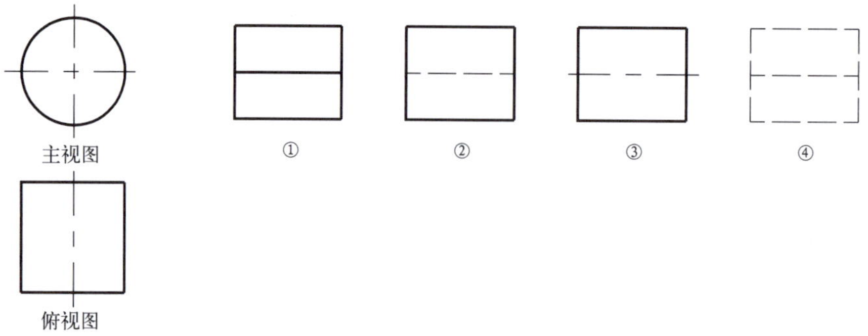

图 2-3-27　投影图识读练习 4

A. ①　　　　　　B. ②　　　　　　C. ③　　　　　　D. ④

答案：C

（5）竖直放置的圆柱的曲面非积聚性的投影用（　　）的投影来表示。

A. 转向轮廓线　　B. 最前、最后素线　　C. 最左、最右素线　　D. 以上都是

答案：D

（6）正六棱柱的棱线垂直于正投影面时，其正面投影为（　　）。

A. 正四边形　　　B. 正五边形　　　C. 正六边形　　　D. 三角形

答案：C

（7）如何判断点在立体表面上投影的可见性？（　　）。

A. 表面可见，其上点的投影就为可见

B. 表面不可见，其上点的投影就为不可见

C. 表面投影具有积聚性，则点在该面积聚性投影面上的投影为可见

D. 以上都是

答案：D

（8）圆球的三面投影都是圆，这三个圆分别是（　　）。

A. 前后分界圆的正面投影　　　　　B. 左右分界圆的侧面投影

C. 上下分界圆的水平投影　　　　　D. 以上都是

答案：D

（二）拓展学习与检测 2

（1）如图 2-3-28 所示，按照给出条件画出平面体的三面投影。

（2）如图 2-3-29 所示，补画平面体的三面投影图，并求其上点的其他两面投影。

（3）如图 2-3-30 所示，按照给出条件画出曲面体的三面投影。

（4）如图 2-3-31 所示，补画曲面体的三面投影图，并求其上点的其他两面投影。

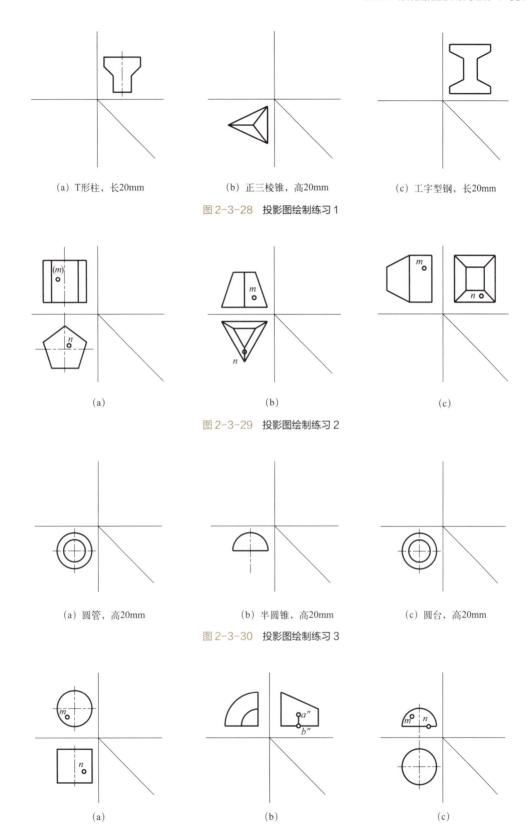

任务四 组合体的投影

教学目标

* 熟悉组合体的组合方式。
* 掌握组合体三面投影图的画法。
* 掌握组合体三面投影图的读图方法。

教学重点

* 组合体三面投影图的画法。
* 组合体三面投影图的读图方法。

【任务引入】

在工程制图中,需要通过绘制形体的三面投影图来表示其形状和大小。如图 2-4-1 所示为一个台阶的立体图形,根据立体图形绘制台阶的三面投影图。

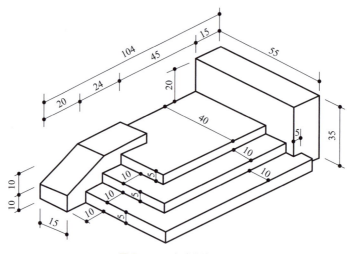

图 2-4-1　台阶立体图形

【专业知识学习】

物体的形状是多种多样的。但从形体角度来看，都可以认为由若干基本体（如棱柱、棱锥、圆柱、圆锥、球）组成。由若干基本体组合而成的形体称为组合体。如图 2-4-2（a）所示，庭院灯由棱柱、棱台组成；如图 2-4-2（b）所示，台灯由圆台和圆柱组成。

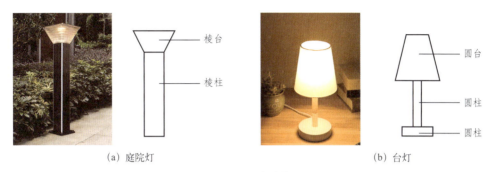

(a) 庭院灯　　　　　　　　　　　　　　(b) 台灯

图 2-4-2　组合体

一、组合体的组合与连接

1. 组合体的组合方式

组合体按其组合的方式分为叠加式、切割式、综合式三种，如图 2-4-3 所示。

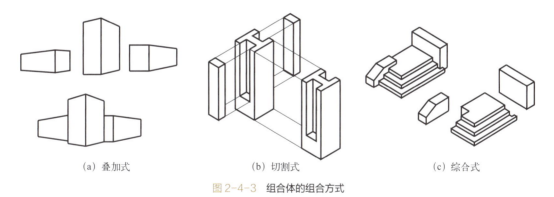

(a) 叠加式　　　　　　(b) 切割式　　　　　　(c) 综合式

图 2-4-3　组合体的组合方式

2. 组合体表面交接处的连接关系

① 平齐。当两个基本体表面平齐时，交接处应无分界线，如图 2-4-4 所示。
② 不平齐。当两个基本体表面不平齐时，交接处应画出分界线，如图 2-4-5 所示。
③ 相切。当两个基本体表面相切时，在相切处应无分界线，如图 2-4-6 所示。
④ 相交。当两个基本体表面相交时，在相交处应画出分界线，如图 2-4-7 所示。

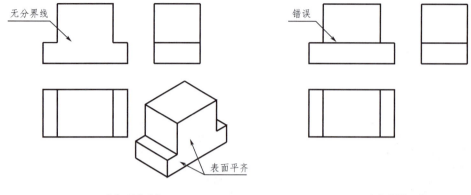

(a) 正确画法　　　　　　　　　　　　(b) 错误画法

图 2-4-4　表面平齐的画法

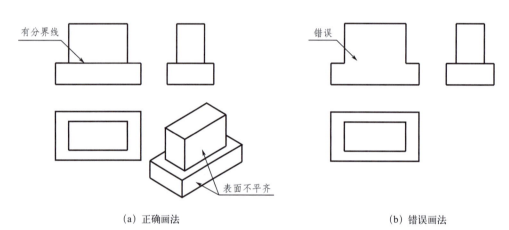

(a) 正确画法　　　　　　　　　　　　(b) 错误画法

图 2-4-5　表面不平齐的画法

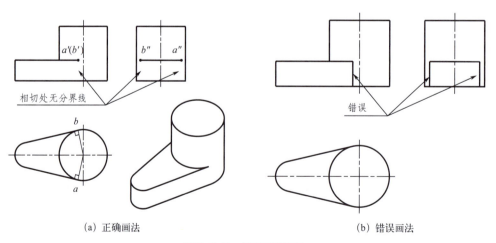

(a) 正确画法　　　　　　　　　　　　(b) 错误画法

图 2-4-6　表面相切的画法

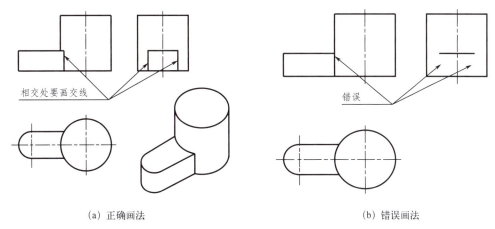

(a) 正确画法　　　　　　　　　　　　(b) 错误画法

图 2-4-7　表面相交的画法

二、组合体的画法

画组合体的投影图时，由于形体较为复杂，因此应采用形体分析法。现以图 2-4-8 为例，说明组合体投影图的画法步骤。

1. 形体分析

假想将组合体分解为若干基本体，或是将基本体切掉某些部分；然后再分析各基本体的形状、相对位置和组合形式，将基本体的投影按其相互位置进行组合，弄清组合体的形状特征。

图 2-4-9 中的形体可以看作由四棱柱底板、中间四棱柱（挖去中间的楔形块）和 6 块梯形肋板叠加组成。四棱柱在底板中央，前后各肋板的左、右外侧面与中间四棱柱左、右侧面共面，左、右两块肋板在四棱柱左、右侧面的中央。通过对形体支座进行这样的分析，可以弄清它的形体特征，对于画图有很大帮助。

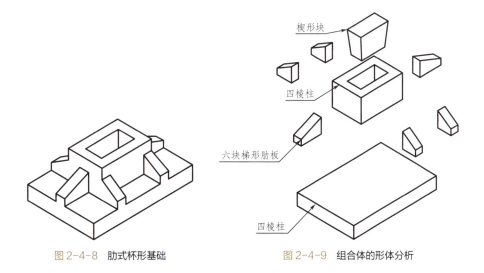

图 2-4-8　肋式杯形基础　　　　　图 2-4-9　组合体的形体分析

2. 选择视图

正立面图是表达形体最主要的视图，正立面投影选定后，水平面投影和侧立面投影也就随之确定了。选择视图的原则是：

① 尽量反映出形体各组成部分的形状特征及其相对位置；
② 尽量减少图中的虚线；
③ 尽量合理利用图幅。

根据基础在房屋中的位置，选择视图时应将其平放。使 H 面平行于底板平面；V 面平行于基础的正面，还应使正立面能充分反映建筑基础的形状特征，如图 2-4-10 所示。

3. 确定比例和图幅

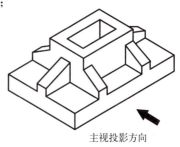

图 2-4-10　主视方向选择

根据形体的复杂程度和尺寸大小，按照标准的规定选择适当的比例与图幅。选择的图幅要留有足够的空间以便于标注尺寸和画标题栏等。

4. 布置投影图位置

根据已确定的各投影图的尺寸，将各投影图均匀地布置在图幅内。各投影图间应留有尺寸标注所需的空间位置。

5. 绘制底稿

按照形体分析确定画图顺序，先画主要形体，后画细节；先画可见的图线，后画不可见的图线，将各投影面配合起来画；要正确绘制各形体之间的相对位置；要注意各形体之间表面的连接关系。

图 2-4-8 中肋式杯形基础的作图步骤如下。

① 布置投影图，画出对称中心的三面投影，如图 2-4-11（a）所示。
② 画出底板的三面投影，如图 2-4-11（b）所示。
③ 画出中间部分四棱柱的三面投影，如图 2-4-11（c）所示。
④ 画出四周部分 6 块梯形肋板的三面投影，如图 2-4-11（d）所示。
⑤ 左边肋板的左侧面与底板的左侧面，前左肋板的左侧面与中间四棱柱的左侧面，都处在同一个平面上，因此它们之间都不应画交线，如图 2-4-11（e）所示。
⑥ 画出楔形杯口的三面投影，在正立面和侧立面的投影中杯口是看不见的，应画成虚线，如图 2-4-11（f）所示。

三、组合体的尺寸标注

投影图只能用来表达组合体的形状和各部分的相互关系，而组合体的大小和其中各组成部分的相对位置，还应在组合体各投影画好后标注尺寸才能明确。

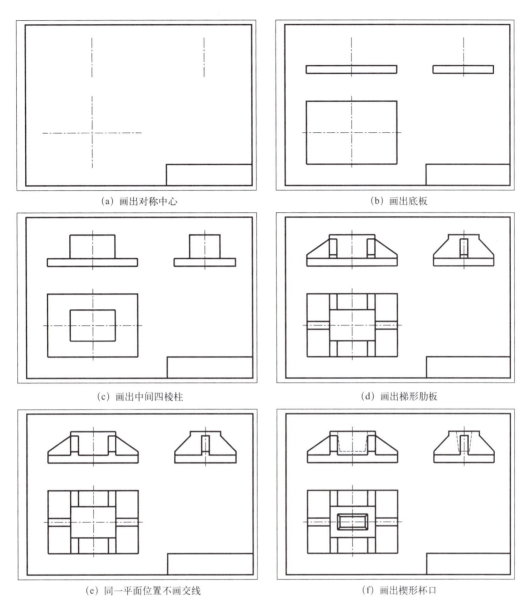

图 2-4-11　肋式杯形基础的作图步骤

1. 尺寸标注的基本要求

① 正确——标注尺寸要准确无误,且符合制图标准的规定。
② 完整——尺寸要完整,注写齐全,不能有遗漏。
③ 清晰——尺寸布置要清晰,便于读图。
④ 合理——标注要合理。

2. 尺寸标注的步骤

下面以图 2-4-8 所示的肋式杯形基础为例说明组合体尺寸标注的步骤。

步骤1. 标注定形尺寸。确定组合体中各基本形体的形状和大小的尺寸，如图2-4-12（a）所示。

步骤2. 标注定位尺寸。确定组合体中各基本形体之间相对位置的尺寸，如图2-4-12（b）所示。

步骤3. 标注总体尺寸。确定组合体总长、总宽、总高的尺寸，如图2-4-12（c）所示。

步骤4. 尺寸配置。检查尺寸标注有无重复、遗漏，并进行修改和调整，最后结果如图2-4-12（d）所示。

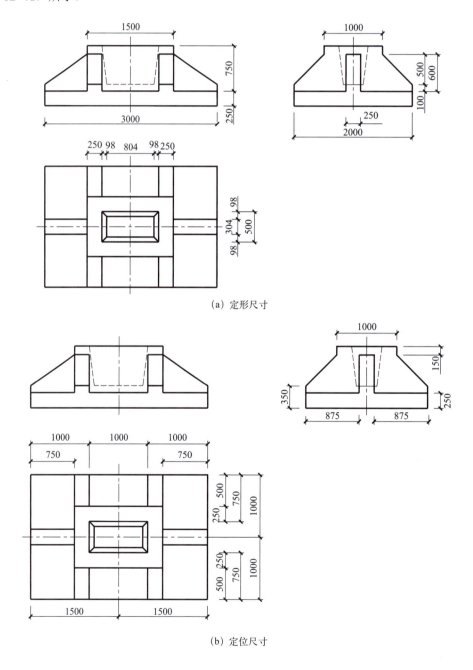

(a) 定形尺寸

(b) 定位尺寸

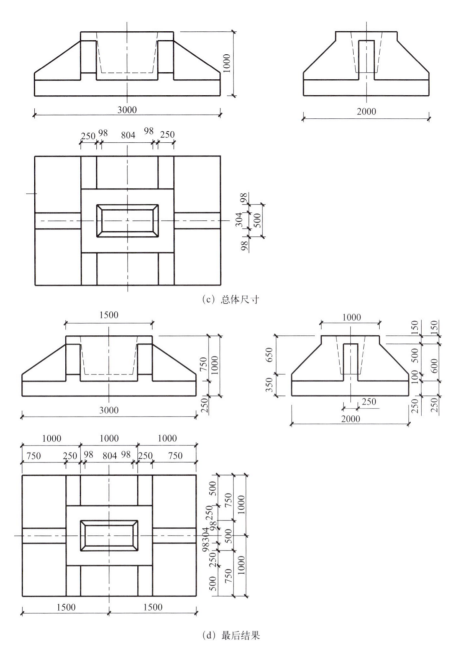

图 2-4-12 肋式杯形基础的尺寸标注

标注组合体的尺寸时，应注意以下几点。
① 应将多数尺寸标注在投影图外，与两投影图有关的尺寸应尽量标注在两投影图之间。
② 尺寸应标注在反映形状特征最明显的投影图上。
③ 同轴回转体的直径尺寸，最好标注在非圆的投影图上。
④ 尺寸线与尺寸线不能相交，相互平行的尺寸应使大尺寸在外，小尺寸在里。
⑤ 尽量不在虚线上标注尺寸。
⑥ 同一形体的尺寸尽量集中标注。

⑦ 同一幅图内尺寸数字大小应一致。
⑧ 每一方向细部尺寸的总和应等于该方向的总尺寸。

四、组合体投影图的读图

阅读组合体投影图，就是根据图纸上的投影图和所注尺寸，想象出形体的空间形状、大小、组合形式和构造特点。读图时，应先大致了解组合体的形状，再将投影图按线框假想分解成几个部分，运用三面投影的投影规律，逐个读出各部分的形状及相对位置，最后综合起来想象出整体形状。

下面对图 2-4-13 中所示的肋式杯形基础进行读图分析。

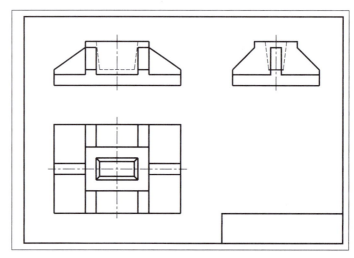

图 2-4-13　肋式杯形基础的投影图

1. 分析投影抓特征

从反映形体特征明显的正立投影面入手，对照水平面、侧立面，分析组合体的结构形状。

图 2-4-13 中，V 面和 W 面投影都有斜直线，因此可知形体有斜平面；都有虚线，因此可知形体中间有挖切。在 V 面和 W 面投影的中间和下方都有长方形的线框，因此可知有叠加在一起的长方体，而 H 面上反映的矩形与上面所分析的长方体正好能够对应。

2. 分析形体对照投影

按投影关系，分别对照各形体在三面投影中的投影，想象它们的形状。

图 2-4-13 中，V 面和 W 面上的梯形所对的水平面上投影为小矩形，实际对应空间形体为四棱柱；H 面上有 6 个矩形线框，说明有 6 个四棱柱。H 面上的两个矩形线框，对应 V 面和 W 面上也是长方形线框，所以对应的有长方体，下方的长方体长度、宽度较大。6 个小四棱柱在下方长方体之上。V 面和 W 面上的虚线与 H 面上的小矩形对应，说明中间挖切掉的部分为四棱台。

3. 综合起来想整体

在读懂各部分形体的基础上，进一步分析它们之间的相对位置和表面连接关系。

由以上分析可以得出，该组合体是由底面长方体、中间是空心的长方体和 6 个小四棱柱组合而成的。通过综合想象，构思出组合体的整体结构形状。

【任务训练】

（一）任务内容

根据图 2-4-14（a）所示，绘制台阶的投影图。

（二）指导与解析

作图步骤如下。

步骤 1. 选择视图，根据台阶的位置，形体应平放，并使正立面能充分反映形状特征。主视方向选择如图 2-4-14（a）所示。

步骤 2. 定图幅，选比例，绘制底稿，如图 2-4-14（b）所示。

步骤 3. 标注尺寸，如图 2-4-14（c）所示。

步骤 4. 检查投影，擦去多余的图线，加粗图形线，完成图形，如图 2-4-14（d）所示。

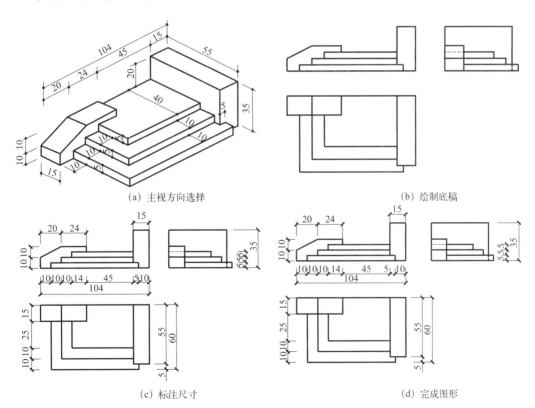

(a) 主视方向选择　　(b) 绘制底稿

(c) 标注尺寸　　(d) 完成图形

图 2-4-14　台阶的投影图

【拓展学习与检测】

（一）拓展学习与检测1

（1）在图 2-4-15 中的四组投影图中，正确的一组是（　　）。

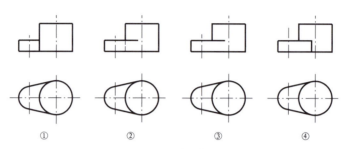

图 2-4-15　读图练习 1

A. ①　　　　　　　B. ②　　　　　　　C. ③　　　　　　　D. ④

答案：C

（2）在图 2-4-16 中的投影图中，正确的一组投影是（　　）。

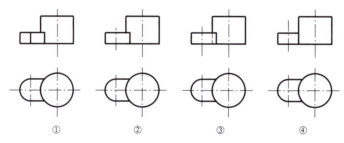

图 2-4-16　读图练习 2

A. ①　　　　　　　B. ②　　　　　　　C. ③　　　　　　　D. ④

答案：B

（3）如图 2-4-17 所示，根据立体图，按箭头所指方向的正确投影是（　　）。

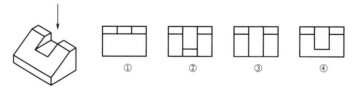

图 2-4-17　读图练习 3

A. ①　　　　　　　B. ②　　　　　　　C. ③　　　　　　　D. ④

答案：D

（4）如图 2-4-18 所示，根据立体图，按箭头所指方向的正确投影是（　　）。

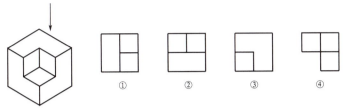

图 2-4-18 读图练习 4

A. ① B. ② C. ③ D. ④

答案：C

（5）如图 2-4-19 所示，根据立体图，选择与其对应的三面投影图。（　　）

图 2-4-19 读图练习 5

A. ① B. ② C. ③ D. ④

答案：A

（6）如图 2-4-20 所示，根据立体图，选择与其对应的三面投影图。（　　）

图 2-4-20 读图练习 6

A. ① B. ② C. ③ D. ④

答案：A

（7）如图 2-4-21 所示，看懂正立投影、水平投影，想象出组合体的形状，找出错误的侧立投影。（　　）

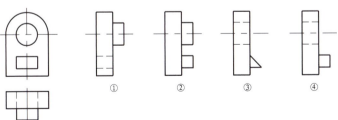

图 2-4-21 读图练习 7

A. ① B. ② C. ③ D. ④

答案：B

（8）如图 2-4-22 所示，已知物体的正立投影、水平投影，选择正确的侧立投影。（　　）

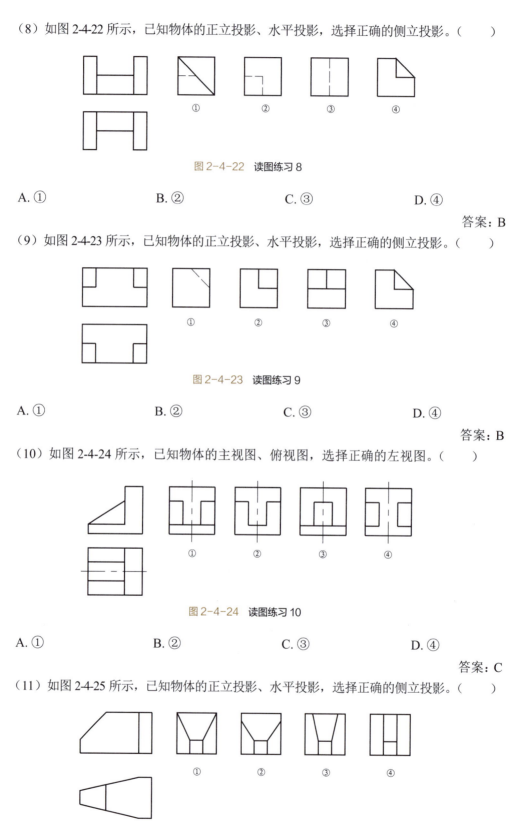

图 2-4-22　读图练习 8

A. ①　　　　　　B. ②　　　　　　C. ③　　　　　　D. ④

答案：B

（9）如图 2-4-23 所示，已知物体的正立投影、水平投影，选择正确的侧立投影。（　　）

图 2-4-23　读图练习 9

A. ①　　　　　　B. ②　　　　　　C. ③　　　　　　D. ④

答案：B

（10）如图 2-4-24 所示，已知物体的主视图、俯视图，选择正确的左视图。（　　）

图 2-4-24　读图练习 10

A. ①　　　　　　B. ②　　　　　　C. ③　　　　　　D. ④

答案：C

（11）如图 2-4-25 所示，已知物体的正立投影、水平投影，选择正确的侧立投影。（　　）

图 2-4-25　读图练习 11

A. ①   B. ②   C. ③   D. ④

答案：C

（12）如图 2-4-26 所示，已知物体的正立投影、水平投影，选择正确的侧立投影。（　　）

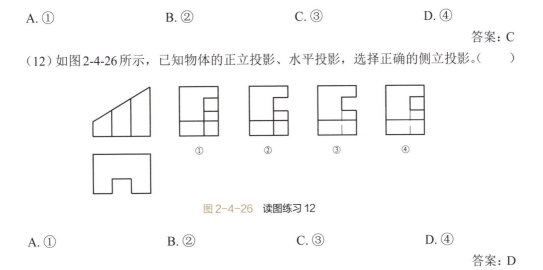

图 2-4-26　读图练习 12

A. ①   B. ②   C. ③   D. ④

答案：D

（二）拓展学习与检测 2

（1）根据图 2-4-27 中的立体图，画出组合体的三面投影图（尺寸照图量取）。

图 2-4-27　立体图 1

（2）根据图 2-4-28 中的立体图，画出组合体的三面投影图（尺寸照图量取）。

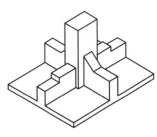

图 2-4-28　立体图 2

（3）根据图 2-4-29 中的立体图，画出组合体的三面投影图（尺寸照图量取）。

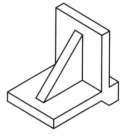

图 2-4-29　立体图 3

（4）根据图 2-4-30 中的立体图，画出组合体的三面投影图（尺寸照图量取）。

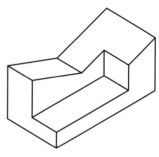

图 2-4-30　立体图 4

（5）如图 2-4-31 所示，补齐投影图中所遗漏的线。

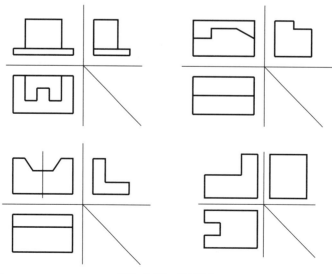

图 2-4-31　投影图 1

（6）如图 2-4-32 所示，根据组合体的正面投影和水平投影，补画侧面投影。

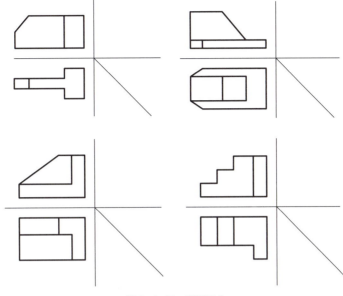

图 2-4-32　投影图 2

任务五

轴测投影图

教学目标

* 了解轴测投影图的形成及性质。
* 掌握正等轴测投影图的特点及绘制方法。
* 掌握斜轴测投影图的特点及绘制方法。

教学重点

* 正等轴测投影图的画法。
* 斜轴测投影图的画法。

【任务引入】

在表达物体形状时，三面投影图形的立体感较差，而直观图的立体效果较好，便于想象物体的空间形状和结构。已知图2-5-1（a）中台阶的投影图形，那么图2-5-1（b）所示的直观图该如何绘制呢？

【专业知识学习】

正投影图能准确、完整地表达形体的形状和大小，且作图简便、度量性好，所以在工程上被广泛采用。但是，正投影图中的每个投影只能表达形体在长、宽、高3个方向中的两个方向的尺度，因此缺乏立体感，不易读懂。所以工程上还常用具有立体感的轴测投影图作为辅助图样，以便能更直观地表达工程建筑物的结构形状。

一、轴测投影图的基本知识

（一）轴测投影图的形成

将空间物体连同确定其位置的直角坐标系，沿不平行于任一坐标平面的方向，用平行投影法投射在某一选定的单一投影面上所得到的具有立体感的图形，称为轴测投影图，简称轴测图，如图2-5-2所示。

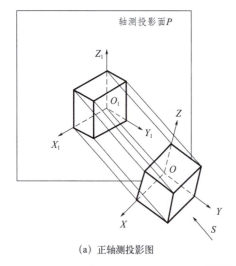
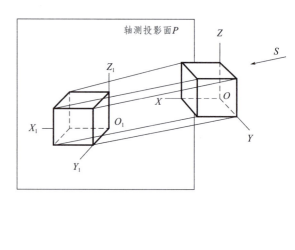

（a）正轴测投影图　　　　　　　　　（b）斜轴测投影图

图2-5-2　轴测投影图的形成

在轴测投影图中，把选定的投影面 P 称为轴测投影面；把空间直角坐标轴 OX、

OY、OZ 在轴测投影面上的投影 O_1X_1、O_1Y_1、O_1Z_1 称为轴测轴；把两轴测轴之间的夹角 $\angle X_1O_1Y_1$、$\angle Y_1O_1Z_1$、$\angle X_1O_1Z_1$ 称为轴间角；轴测轴上的单位长度与空间直角坐标轴上对应单位长度的比值，称为轴向伸缩系数。OX、OY、OZ 的轴向伸缩系数分别用 p、q、r 表示，即 $p=O_1X_1/OX$，$q=O_1Y_1/OY$，$r=O_1Z_1/OZ$。

（二）轴测投影图的种类

1. 按投射方向分类

按照投射方向的不同，轴测投影图可以分为以下两种。

① 正轴测投影图——轴测投影方向（投影线）与轴测投影面垂直时投影所得到的轴测投影图。

② 斜轴测投影图——轴测投影方向（投影线）与轴测投影面倾斜时投影所得到的轴测投影图。

2. 按轴向伸缩系数分类

按照轴向伸缩系数的不同，轴测投影图可以分为以下几种。

① 正（或斜）等测轴测投影图——三个轴向伸缩系数均相等，即 $p=q=r$，简称正（斜）等测投影图。

② 正（或斜）二等测轴测投影图——其中只有两个轴向伸缩系数相等，即 $p=r \neq q$，简称正（斜）二测投影图。

③ 正（或斜）三等测轴测投影图——三个轴向伸缩系数均不相等，即 $p \neq q \neq r$，简称正（斜）三测投影图。

（三）轴测投影图的基本性质

由于轴测投影图是用平行投影法投影的，所以具有平行投影的性质，具体如下。
① 平行性——形体上相互平行的线段在轴测投影图上仍然平行。
② 定比性——形体上两条平行线段的长度之比在投影图上保持不变。
③ 真实性——形体上平行于轴测投影面的平面，在轴测投影图中反映实形。

由上述性质可知，凡与空间坐标轴平行的线段，其轴测投影不但与相应的轴测轴平行，且可以直接用该轴的伸缩系数度量尺寸；而不与坐标轴平行的线段则不能直接量取尺寸。"轴测"一词由此而来，轴测图也就是沿轴测量所画出的图。

二、正等测轴测投影图

当三条坐标轴 OX、OY、OZ 与轴测投影面的倾角均相等时，把物体向轴测投影面投影，这样所得到的轴测投影图就是正等测轴测投影图，简称正等轴测图（图 2-5-3）。

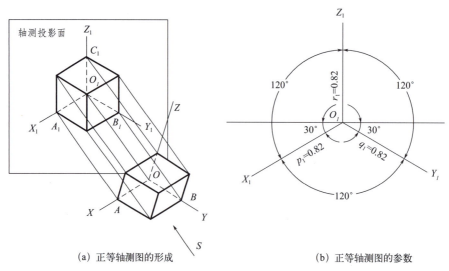

（a）正等轴测图的形成　　　　　　（b）正等轴测图的参数

图 2-5-3　正等轴测图的形成及参数

（一）轴间角与轴向伸缩系数

正等轴测图的三个轴间角相等，均为120°，即 $\angle X_1O_1Y_1 = \angle Y_1O_1Z_1 = \angle X_1O_1Z_1 = 120°$，且三个轴向伸缩系数也相等。经计算可知 $p=q=r=0.82$。为作图简便，实际常采用简化伸缩系数 $p=q=r=1$ 画图，即沿各轴向的所有尺寸都按物体的实际长度画图。按简化伸缩系数画出的图形比实际物体放大了 $1/0.82 \approx 1.22$ 倍，但并未改变物体的形状。

（二）正等轴测图的画法

1. 平面体正等轴测图的画法

画轴测投影图的基本方法是坐标法，实际作图时可根据形体的特征灵活运用其他方法。坐标法是根据形体表面各点的空间坐标或尺寸，画出各点的轴测图，然后依次连接各点，即得到该形体的轴测图。通常可按下述步骤作图。

① 根据形体的结构特点，选定坐标原点的位置。坐标原点的位置一般选在形体的对称轴线上，且放在顶面或底面处，这样有利于作图。

② 画出轴测轴。

③ 根据形体表面上各点的坐标及轴测投影的基本性质，沿轴测轴按简化的轴向伸缩系数逐点画出，然后依次连接。

④ 检查、整理并描深立体的可见轮廓线。为了使轴测图更直观，图中的虚线一般不画。

如图 2-5-4 所示，以正六棱柱为例，根据三面投影图画出正六棱柱的正等轴测图。其作图步骤如下。

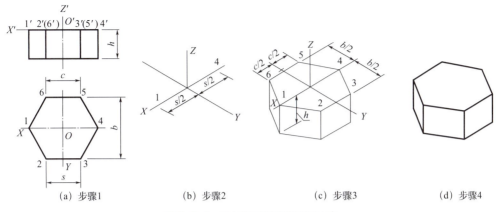

(a) 步骤1　　　　(b) 步骤2　　　　(c) 步骤3　　　　(d) 步骤4

图 2-5-4　正六棱柱的正等轴测图画法

步骤1.在正投影图中选择顶面中心 O 作为坐标原点，并确定坐标轴，如图2-5-4(a)所示。

步骤2.画轴测图的坐标轴，并在 OX 轴上取两点1、4，使 $O1=O4=s/2$，如图2-5-4(b)所示。

步骤3.用坐标定点法作出顶面四点2、3、5、6，再按 h 作出底面各可见点的轴测投影，如图 2-5-4（c）所示。

步骤4.连接各可见点，擦去作图线，加深可见棱线，即得到正六棱柱的正等轴测图，如图 2-5-4（d）所示。

2. 曲面体正等轴测图的画法

曲面体与平面体正等轴测图的画法基本相同，只是在曲面体上多了圆或圆弧，所以只要掌握圆的正等轴测图的画法，就能够完成曲面体正等轴测图的绘制。

（1）圆的正等轴测图画法

平行于坐标面的圆的正等轴测图都是椭圆，除了长短轴的方向不同外，画法都是一样的。如图 2-5-5 所示，为三种不同位置的圆的正等轴测图。

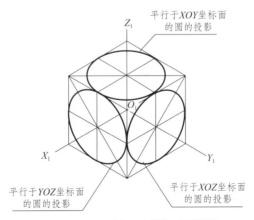

图 2-5-5　平行坐标面上圆的正等轴测图

作圆的正等轴测图时，必须弄清椭圆的长短轴的方向。分析图 2-5-5 所示的图形（图中的菱形为与圆外切的正方形的轴测投影）即可看出，椭圆长轴的方向与菱形的长对角线重合，椭圆短轴的方向垂直于椭圆的长轴，即与菱形的短对角线重合。

圆的正等轴测图的作图方法与步骤如图 2-5-6 所示。

步骤 1. 画出轴测轴，按与圆外切的正方形画出菱形，如图 2-5-6（a）所示。

步骤 2. 以 A、B 为圆心，AC 为半径画两个圆弧，如图 2-5-6（b）所示。

步骤 3. 连接 AC 和 AD 分别交长轴于 M、N 两点，如图 2-5-6（c）所示。

步骤 4. 分别以 M、N 为圆心，MD 为半径画两个小弧；在 C、D、E、F 处与大弧连接，如图 2-5-6（d）所示。

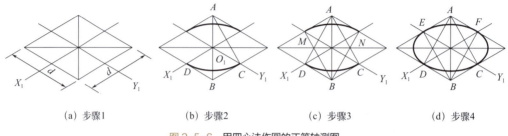

图 2-5-6　用四心法作圆的正等轴测图

平行于 V 面（即 XOZ 坐标面）的圆、平行于 W 面（即 YOZ 坐标面）的圆的正等轴测图的画法都与上面类似。

（2）圆角的正等轴测图画法

圆角是圆的 1/4，其正等轴测图的画法与圆相同，但只需作出对应的 1/4 个菱形，找出所需的切点和圆心，画出相应的圆弧即可。圆角正等轴测图的作图步骤如图 2-5-7 所示。

图 2-5-7（a）中的形体是带两个圆角的长方形板，其圆角部分可采用近似画法。作图步骤如下。

步骤 1. 画轴测图的坐标轴和长方形板的正等轴测图，对于顶面的圆弧可用近似画法作出它们的正等轴测图。作图时先根据 R 确定切点 1、2、3、4，再由切点 1、2、3、4 作相应边的垂线，其交点为 O_1 和 O_2。最后以 O_1、O_2 为圆心，$O_1 1$、$O_2 3$ 为半径，作 1 2 弧和 3 4 弧，如图 2-5-7（b）所示。

步骤 2. 把圆心 O_1、O_2，切点 1、2、3、4 向下平移，画出底面圆弧的正等轴测图，如图 2-5-7（c）所示。

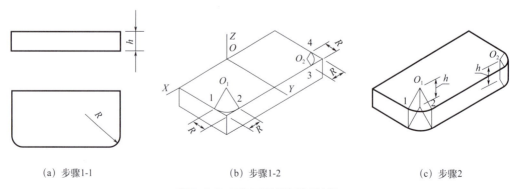

图 2-5-7　圆角正等轴测图作图步骤

3. 组合体的正等轴测图画法

一般组合体均可看作由基本体叠加、挖切而成的，因此画组合体的轴测图时可根据其组合形式选用切割、叠加及特征面等方法作图。

（1）切割体的正等轴测图画法

对于切割体，可先按完整的形体画出其轴测图，再用切割的方法切去不完整的部分，从而完成形体的轴测图，这种画法称为切割法（或方箱法）。

如图 2-5-8（a）所示，为一组合体的正投影图，根据正投影图画出其正等轴测图。作图步骤如下。

步骤 1. 确定坐标轴及原点，如图 2-5-8（b）所示。

步骤 2. 根据形体的长、宽、高画出长方体的正等轴测图，如图 2-5-8（c）所示。

步骤 3. 根据图中尺寸切去斜面，如图 2-5-8（d）所示。

步骤 4. 根据图中尺寸切出前槽，如图 2-5-8（e）所示。

步骤 5. 加深图线，完成全图，如图 2-5-8（f）所示。

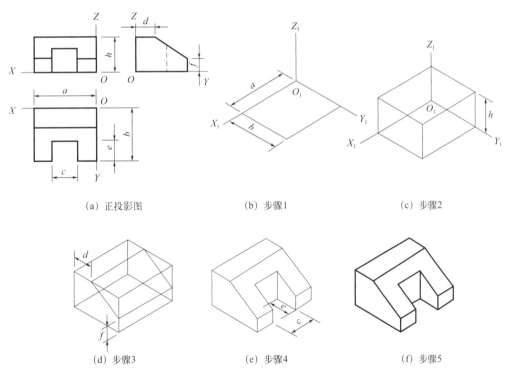

(a) 正投影图　　(b) 步骤1　　(c) 步骤2

(d) 步骤3　　(e) 步骤4　　(f) 步骤5

图 2-5-8　切割体的正等轴测图画法

（2）叠加体的正等轴测图画法

对于叠加型组合体，在作其轴测图时，可将其分为几个部分，然后按各基本体的相对位置逐一画出其轴测投影。

如图 2-5-9（a）所示，为一组合体的正投影图，根据正投影图画出其正等轴测图。作图步骤如下。

步骤 1.画出轴测图的坐标轴，分别画出底板、立板和三角形肋板的正等轴测图，如图 2-5-9（b）所示。

步骤 2.画出立板半圆柱和圆柱孔、底板圆角和小圆柱孔的正等轴测图，如图 2-5-9（c）所示。

步骤 3.擦去作图线，加深可见轮廓线，完成全图，如图 2-5-9（d）所示。

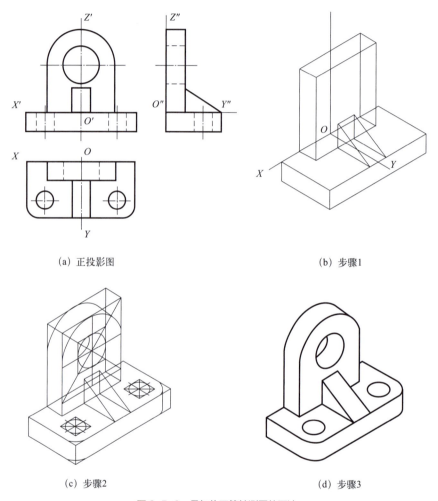

图 2-5-9　叠加体正等轴测图的画法

三、斜轴测投影图

不改变形体对投影面的位置，而使投影方向与投影面倾斜，即得到斜轴测投影图，简称斜轴测图。

（一）正面斜轴测图

以 V 面作为轴测投影面所得到的斜轴测图，称为正面斜轴测图。

由于形体的 XOZ 坐标面平行于轴测投影面,因而 X、Z 轴的投影 X_1 轴和 Z_1 轴互相垂直,且投影长度不变,即轴向伸缩系数 $p=r=1$。因投影方向可有多种,故 Y 轴的投影方向和伸缩系数也有多种。为了作图简便,常取 Y_1 轴与水平线成 45°角。正面斜轴测图的轴间角如图 2-5-10 所示。

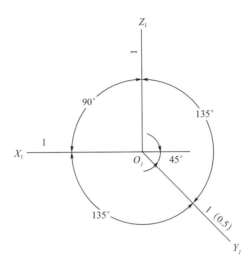

图 2-5-10 正面斜轴测图的轴间角

当 $q=1$ 时,作出的图称为正面斜等轴测图,简称斜等测图(三轴的伸缩系数全相等);当 $q=0.5$ 时,作出的图称为正面斜二轴测图,简称斜二测图(两轴的伸缩系数相等)。

斜轴测图能反映正面实形,作图简便,直观性较强,因此用得较多。当形体上的某一个面形状复杂或曲线较多时,用该法作图就更佳。

斜轴测图的作图方法和步骤与正等轴测图基本相同,只是轴间角和轴向伸缩系数不同而已。

如图 2-5-11(a)所示,为一门洞的投影图,根据正投影图画出门洞的正面斜等轴测图。其作图方法与步骤如下。

步骤 1. 画出轴测轴及底部长方体(宽度量取原尺寸),如图 2-5-11(b)所示。

步骤 2. 挖出底部门洞,如图 2-5-11(c)所示。

步骤 3. 叠加上顶部,描深完成全图,如图 2-5-11(d)所示。

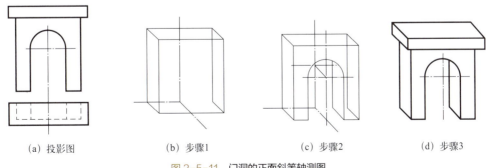

(a) 投影图　　(b) 步骤1　　(c) 步骤2　　(d) 步骤3

图 2-5-11 门洞的正面斜等轴测图

(二)水平斜轴测图

以 H 面作为轴测投影面所得到的斜轴测图,称为水平斜轴测图。

由于形体的 XOY 坐标面平行于轴测投影面,因而 OX、OY 轴的投影 O_1X_1、O_1Y_1 轴互相垂直,且投影长度不变,即轴向伸缩系数 $q=1$。作图时通常将 Z_1 轴画成铅直方向,O_1X_1、O_1Y_1 轴夹角为 90°,使它们与水平线分别成 30°、60° 角。水平斜轴测图的轴间角,如图 2-5-12 所示。

当取 $r=1$ 时作出的图称为水平斜等轴测图;若取 $r=0.5$ 作出的图称为水平斜二轴测图。水平斜轴测图又称鸟瞰轴测图。

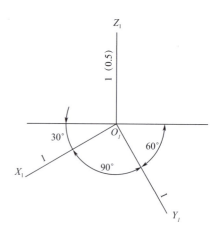

图 2-5-12 水平斜轴测图的轴间角

如图 2-5-13 所示,根据正投影图画出建筑形体的水平斜等轴测图。其作用方法与步骤如下。

步骤 1. 坐标原点选在房屋的右后下角,如图 2-5-13(a)所示。

步骤 2. 画出轴测轴,将建筑形体的水平投影绕 X_1 逆时针旋转 30°,即可得到建筑基底的水平斜轴测图,如图 2-5-13(b)所示。

步骤 3. 从建筑基底的各个顶角点向上引垂线,使之等于建筑高度,连接上部各端点,可画出建筑的顶面轮廓。

步骤 4. 擦去多余作图线,描深可见轮廓线,即可完成建筑形体的水平斜等轴测图,如图 2-5-13(c)所示。

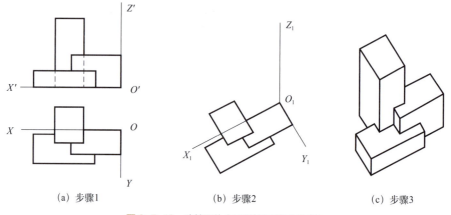

(a)步骤1　　　　(b)步骤2　　　　(c)步骤3

图 2-5-13 建筑形体水平斜等轴测图的画法

【任务训练】

(一)任务内容

根据图 2-5-1(a)中的台阶投影图,画出台阶的正面斜二轴测图。

（二）指导与解析

其作图方法与步骤如下。

步骤1. 在正投影图上定出原点和坐标轴的位置，如图2-5-14（a）所示。

步骤2. 画出斜二测图的轴测轴，并在 $X_1O_1Z_1$ 坐标面上画出正面图，如图2-5-14（b）所示。

步骤3. 过各角点做轴的平行线，长度等于原宽度的一半，如图2-5-14（c）所示。

步骤4. 将平行线各角点连接起来，加粗图形线，即完成斜二测图，如图2-5-14（d）所示。

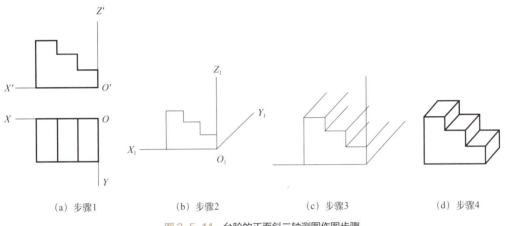

图2-5-14 台阶的正面斜二轴测图作图步骤

【拓展学习与检测】

（一）拓展学习与检测1

（1）如图2-5-15所示，根据立体的三视图，选择与其对应的轴测图。（　　）

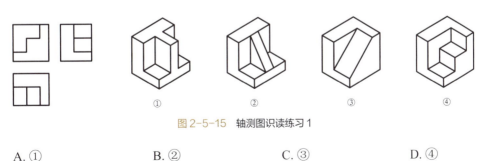

图2-5-15 轴测图识读练习1

A. ①　　　　B. ②　　　　C. ③　　　　D. ④

答案：D

（2）如图2-5-16所示，根据立体的三视图，选择与其对应的轴测图。（　　）

图 2-5-16　轴测图识读练习 2

A. ①　　　B. ②　　　C. ③　　　D. ④

答案：D

（3）如图 2-5-17 所示，根据立体的三视图，选择与其对应的轴测图。（　　）

图 2-5-17　轴测图识读练习 3

A. ①　　　B. ②　　　C. ③　　　D. ④

答案：D

（4）如图 2-5-18 所示，根据立体的三视图，选择与其对应的轴测图。（　　）

图 2-5-18　轴测图识读练习 4

A. ①　　　B. ②　　　C. ③　　　D. ④

答案：A

（5）如图 2-5-19 所示，根据立体的三视图，选择与其对应的轴测图。（　　）

图 2-5-19　轴测图识读练习 5

A. ①　　　B. ②　　　C. ③　　　D. ④

答案：B

（二）拓展学习与检测 2

（1）如图 2-5-20 所示，根据投影图画出形体的正等轴测图（尺寸照图量取）。

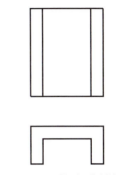

图 2-5-20　轴测图绘制练习 1

（2）如图 2-5-21 所示，根据投影图画出形体的正等轴测图（尺寸照图量取）。

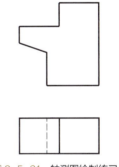

图 2-5-21　轴测图绘制练习 2

（3）如图 2-5-22 所示，根据投影图画出形体的正等轴测图（尺寸照图量取）。

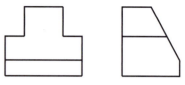

图 2-5-22　轴测图绘制练习 3

（4）如图 2-5-23 所示，根据投影图画出形体的正等轴测图（尺寸照图量取）。

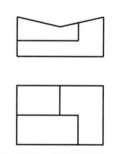

图 2-5-23　轴测图绘制练习 4

（5）如图 2-5-24 所示，根据投影图画出形体的斜等测图（尺寸照图量取）。

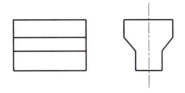

图 2-5-24　轴测图绘制练习 5

（6）如图 2-5-25 所示，根据投影图画出形体的斜等测图（尺寸照图量取）。

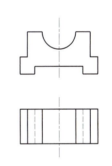

图 2-5-25　轴测图绘制练习 6

（7）如图 2-5-26 所示，根据投影图画出形体的斜二测图（尺寸照图量取）。

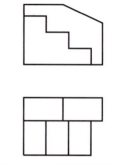

图 2-5-26　轴测图绘制练习 7

（8）如图 2-5-27 所示，根据投影图画出形体的斜二测图（尺寸照图量取）。

图 2-5-27　轴测图绘制练习 8

（9）如图 2-5-28 所示，根据投影图画出形体的水平斜轴测图（尺寸照图量取）。

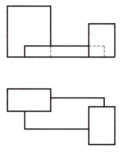

图 2-5-28　轴测图绘制练习 9

（10）如图 2-5-29 所示，根据投影图画出形体的水平斜轴测图（尺寸照图量取）。

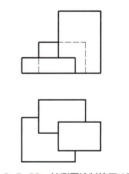

图 2-5-29　轴测图绘制练习 10

任务六 建筑物的形体表达

教学目标

* 掌握剖面图的表达方法。
* 掌握断面图的表达方法。

教学重点

* 剖面图的画法。
* 断面图的画法。

【任务引入】

如图 2-6-1 所示,为水槽的三面投影图,其投影图中均出现了许多虚线,为将水槽的槽壁底厚、槽深、排水孔大小等均表达清楚,又便于标注尺寸,需要根据给出的投影图,完成水槽的 1—1 剖面图及 2—2 剖面图的绘制。

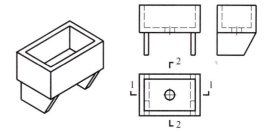

图 2-6-1 水槽的三面投影图

【专业知识学习】

建筑形体的形状和结构是多种多样的,要想把它们表达得既完整、清晰,又便于画图和读图,只用前面介绍的三面投影图难以满足要求。本任务将介绍国家标准规定的剖面图、断面图的画法,以及如何应用这些方法表达各种形体的结构形状。

一、六面投影图

房屋建筑形体的形状多样,有些复杂形体的形状仅用三面投影图难以表达清楚,此时就需要四面、五面甚至更多面的投影图才能完整表达其形状结构。如图 2-6-2(b)所示,可由不同的方向投射，从而得到图 2-6-2（a）所示的六面投影图。六个基本视图之间仍然符合"长对正，高平齐，宽相等"的三等关系。

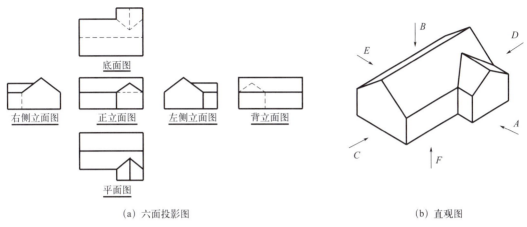

（a）六面投影图　　　　　　　　　　　（b）直观图

图 2-6-2　六面投影图与直观图

二、剖面图

在用投影图表达工程图样时，可见的轮廓线绘制成实线，不可见的轮廓线绘制成虚线。因此，内部结构形状复杂的形体，投影图中就会出现较多虚线，这样会影响图面清晰，不便于看图和标注尺寸。为了减少视图中的虚线，使图面清晰，工程上可以采用剖切的方法来表达形体的内部结构和形状。

（一）剖面图的形成

假想用一个平面（剖切面）在形体的适当部位将其剖开，移去观察者与剖切面之间的部分，将剩余部分投射到投影面上，所得的图形称为剖面图，简称剖面。剖面图的形成如图 2-6-3 所示。

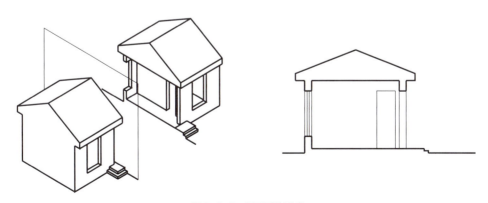

图 2-6-3　剖面图的形成

（二）剖面图的种类

1. 全剖面图

用一个平行于基本投影面的剖切平面，将形体全部剖开后，所得的投影图称为全剖面图，如图 2-6-4 所示。全剖面图适用于外形简单、内部结构复杂的形体。

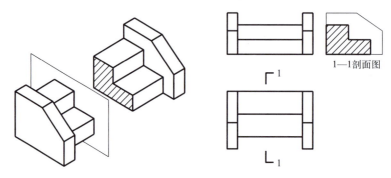

图 2-6-4　全剖面图

2. 半剖面图

当形体具有对称平面时，可以以对称中心线为界，一半画成剖面图，另一半画成外观视图，这样组合而成的图形称为半剖面图，如图 2-6-5 所示。半剖面图适用于内外结构都需要表达的对称图形。

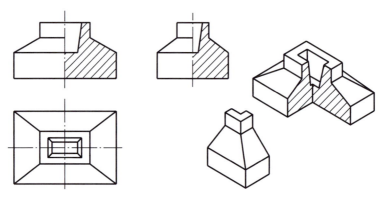

图 2-6-5　半剖面图

在半剖面图中，规定以形体的对称中心线作为剖面图与外形视图的分界线。当对称中心线为铅垂线时，习惯上将剖面图画在中心线右侧；当对称中心线为水平线时，习惯上将剖面图画在中心线下方。

3. 局部剖面图

将形体局部剖开后投影所得的图形称为局部剖面图，如图 2-6-6 所示。局部剖面图适用于内外结构都需要表达，且又不具备对称条件或仅局部需要剖切的形体。

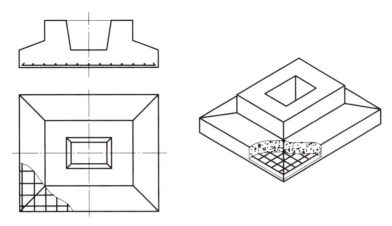

图 2-6-6 局部剖面图

在局部剖面图中，剖切平面的位置与范围应根据需要而决定，剖面图部分与原投影图部分之间的分界线用波浪线表示。波浪线应画在形体的实体部分，不能超出轮廓线之外，不允许用轮廓线来代替，也不允许和图样上的其他图线重合。

4. 阶梯剖面图

由两个或两个以上互相平行的剖切面将形体剖切后投影得到剖面图称为阶梯剖面图，如图 2-6-7 所示。当形体内部用一个剖切面无法全部剖到时，可采用阶梯剖。阶梯剖必须标注剖切位置线、投射方向线和剖切编号。

由于剖切是假想的，在作阶梯剖时不应画出两剖切面转折处的交线，并且要避免剖切面在图形轮廓线上转折。

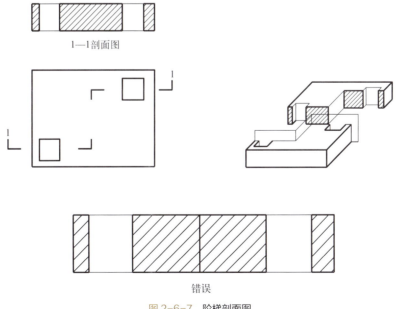

图 2-6-7 阶梯剖面图

5. 旋转剖面图

当两个剖切平面呈相交位置时，需要通过旋转使之处于同一平面内，这样得到的剖面图称为旋转剖面图。在剖切符号转折处也要写上字母，如图 2-6-8 所示。

三、断面图

（一）断面图的形成

假想用一个剖切平面将形体的某部分切断，仅将截得的图形向与其平行的投影面投射，所得的图形称为断面图，如图 2-6-9 所示。

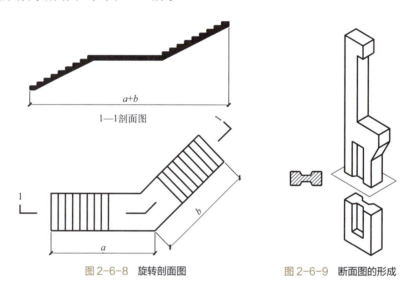

图 2-6-8　旋转剖面图　　图 2-6-9　断面图的形成

（二）断面图的分类

1. 移出断面图

布置在形体视图轮廓线之外的断面图，称为移出断面图，如图 2-6-10 所示。移出断面图的轮廓线应用粗实线绘制，配置在剖切平面的延长线上或其他适当的位置。

2. 重合断面图

直接画在视图轮廓线以内的断面图称为重合断面图，如图 2-6-11 所示。重合断面图的轮廓线用细实线画出。重合断面图不需要标注。

3. 中断断面图

直接画在视图中断处的断面图，称为中断断面图。中断面轮廓线用粗实线绘制。中断断面图不需要标注（图 2-6-12）。

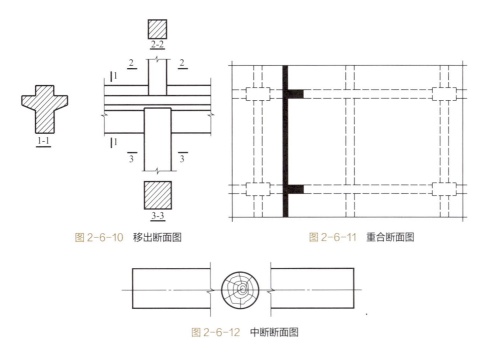

图 2-6-10 移出断面图　　　　　图 2-6-11 重合断面图

图 2-6-12 中断断面图

【任务训练】

（一）任务内容

根据图 2-6-1 中给出的投影图形，完成水槽 1—1 剖面图及 2—2 剖面图的绘制。

（二）指导与解析

作图步骤如下。

（1）步骤 1. 剖切分析图

如图 2-6-1 所示，1—1 剖面图的剖切方向为正立投影面的方向，将剖切后的形体向正立投影面进行投影，所得到的图形即为 1—1 剖面图，如图 2-6-13（a）所示。2—2 剖面图的剖切方向为侧立投影面的方向，将剖切后的形体向侧立投影面进行投影，所得到的图形即为 2—2 剖面图，如图 2-6-13（b）所示。

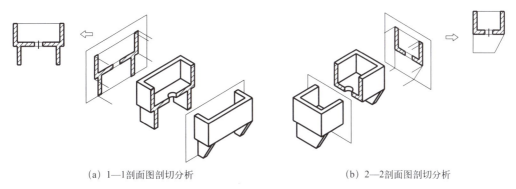

(a) 1—1剖面图剖切分析　　　　　(b) 2—2剖面图剖切分析

图 2-6-13 剖切分析图

（2）步骤2.剖面图绘制

① 在平面图中绘制剖切符号，表示剖切位置及投影方向。

② 按照剖切分析，绘制1—1剖面图、2—2剖面图。被剖切面切到部分的轮廓线用粗实线绘制，并绘制剖面线，以表示形体内部材料。剖切面没有切到，但沿投射方向可以看到的部分，用中实线或细实线绘制。

③ 在绘制完成的剖面图下方，标注剖面图的名称，如"1—1剖面图""2—2剖面图"，如图2-6-14所示。

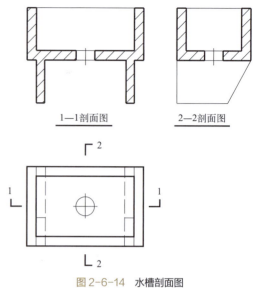

图 2-6-14　水槽剖面图

【拓展学习与检测】

（一）拓展学习与检测1

（1）如图2-6-15所示，已知形体的V、H面投影，正确的1—1剖面图是（　　）。

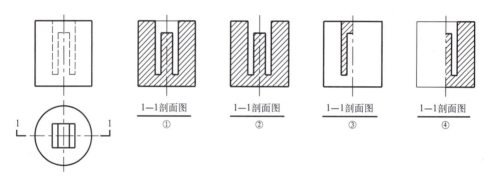

图 2-6-15　剖面图识读练习1

A. ①　　　　　　B. ②　　　　　　C. ③　　　　　　D. ④

答案：A

（2）如图2-6-16所示，作室外楼梯的1—1剖面图，正确的是（　　）。

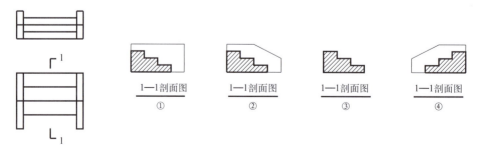

图 2-6-16　剖面图识读练习2

A. ①　　　　　　B. ②　　　　　　C. ③　　　　　　D. ④

答案：B

（3）如图 2-6-17 所示，已知形体的水平投影图及 1—1 剖面图，正确的 2—2 剖面图是（　　）。

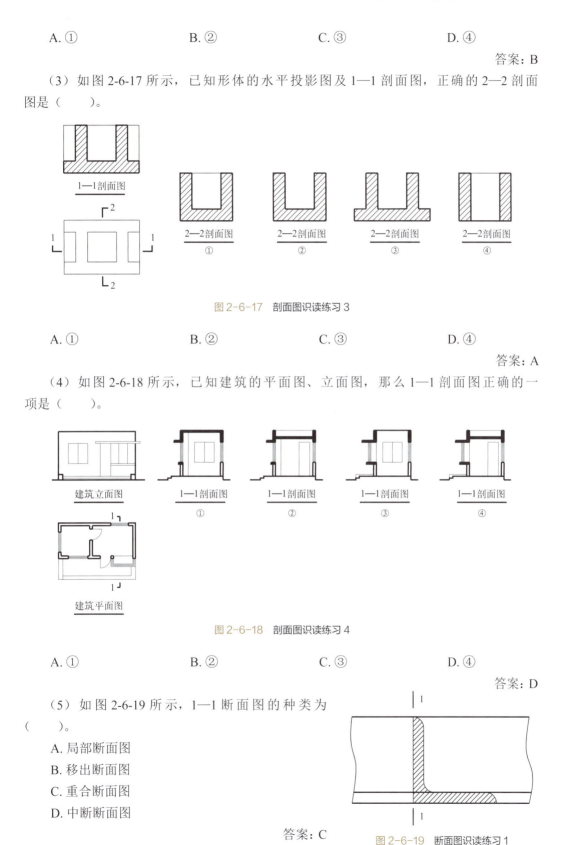

图 2-6-17　剖面图识读练习 3

A. ①　　　　　　B. ②　　　　　　C. ③　　　　　　D. ④

答案：A

（4）如图 2-6-18 所示，已知建筑的平面图、立面图，那么 1—1 剖面图正确的一项是（　　）。

图 2-6-18　剖面图识读练习 4

A. ①　　　　　　B. ②　　　　　　C. ③　　　　　　D. ④

答案：D

（5）如图 2-6-19 所示，1—1 断面图的种类为（　　）。

A. 局部断面图
B. 移出断面图
C. 重合断面图
D. 中断断面图

答案：C

图 2-6-19　断面图识读练习 1

（6）图 2-6-20 中的图示属于（　　）断面图。

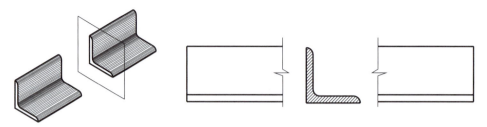

图 2-6-20　断面图识读练习 2

A. 局部断面图　　　　B. 移出断面图　　　　C. 中断断面图　　　　D. 重合断面图

答案：C

（7）如图 2-6-21 所示，梁的 2—2 断面图正确的是（　　）。

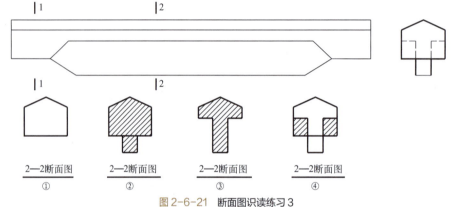

图 2-6-21　断面图识读练习 3

A. ①　　　　B. ②　　　　C. ③　　　　D. ④

答案：C

（8）如图 2-6-22 所示，已知一形体的水平投影及 1—1 剖面图，选择正确的 2—2 断面图。（　　）

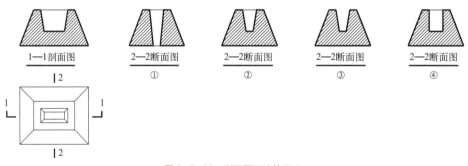

图 2-6-22　断面图识读练习 4

A. ①　　　　B. ②　　　　C. ③　　　　D. ④

答案：C

（二）拓展学习与检测 2

（1）如图 2-6-23 所示，绘制形体的 1—1 剖面图。

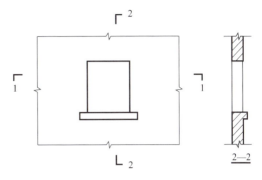

图 2-6-23　剖面图绘制练习 1

（2）如图 2-6-24 所示，绘制形体的 1—1 剖面图。

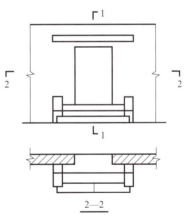

图 2-6-24　剖面图绘制练习 2

（3）如图 2-6-25 所示，绘制形体的 1—1 剖面图。

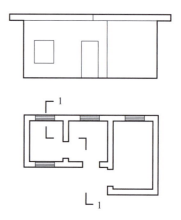

图 2-6-25　剖面图绘制练习 3

（4）如图 2-6-26 所示，绘制形体的 1—1 断面图。

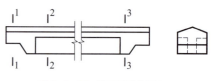

图 2-6-26　断面图绘制练习 1

（5）如图 2-6-27 所示，绘制形体的 1—1 断面图。

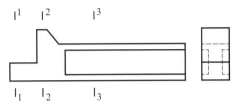

图 2-6-27　断面图绘制练习 2

（6）如图 2-6-28 所示，绘制形体的 1—1 断面图和 2—2 断面图。

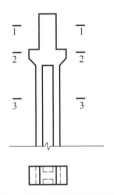

图 2-6-28　断面图绘制练习 3

（7）如图 2-6-29 所示，绘制形体的 1—1 剖面图。

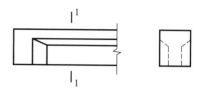

图 2-6-29　断面图绘制练习 4

模块三

建筑施工图的识读与绘制

导学指南

建筑施工图是用来表示建筑的规划位置、外部造型、内部布置、内外装修、细部构造、固定设施及施工要求等的图纸。它包括施工图首页、总平面图、平面图、立面图、剖面图和详图等。

图纸上面会详细说明各种图例及符号,包括标明尺寸,比例大小,设计总说明,设计的依据,以及整体建筑的面积,还包括这个项目相应的关系以及室内、室外用料的相关说明。比如砂浆的强度等级、防水的做法、室内外装修的做法等,都需要在施工图纸上面明确表明。专业的人员需能够读懂图纸上面的内容。

通过本模块的学习,可以了解房屋建筑的基本组成、建筑施工图的作用,掌握建筑施工图的图示内容及图示方法,能够准确地识读一套完整的建筑施工图,并能依据制图标准绘制建筑施工图。

任务一 房屋建筑施工图基本知识

教学目标

* 了解房屋的基本组成。
* 了解房屋建筑施工图的产生、分类及特点。
* 掌握房屋建筑施工图的编排顺序。

教学重点

* 房屋建筑的基本组成。
* 房屋建筑施工图的分类。

【任务引入】

根据建筑制图标准及建筑基本原理，准确识读图 3-1-1 中建筑物基本组成构件的名称及作用。

【专业知识学习】

一、房屋建筑的基本组成

房屋建筑的基本组成如图 3-1-1 所示。

1. 基础

基础是房屋建筑最下部埋在土中的扩大构件，承受着房屋的全部荷载，并把荷载传给地基（基础下面的土层）。

2. 墙与柱

墙与柱是房屋建筑的竖向承重构件，承受楼地面和屋顶传来的荷载，并将这些荷载传

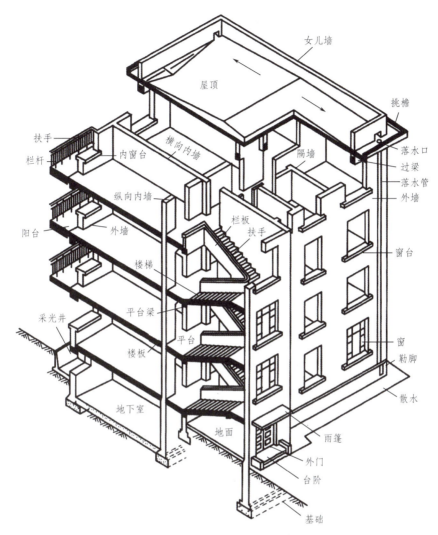

图 3-1-1　房屋建筑的基本组成

给基础。

　　墙体还是分隔、围护构件。外墙阻隔雨水、风雪,以及寒暑对室内的影响,内墙起着分隔房间的作用。

3. 地面与楼面

　　地面与楼面是房屋建筑的水平承重和分隔构件,承受着建筑楼地层荷载(房间中家具、设备和人员的重量)。

　　地面又称为地坪层。楼面又称楼板层,是指二层及以上的楼板或者楼盖,分隔上下层,并有承受上部荷载和将荷载向下传递的作用。

4. 楼梯

　　楼梯是楼房建筑的垂直交通设施,供人们上下楼层和紧急疏散之用。

5. 屋顶

屋顶也称屋盖，是房屋建筑顶部的围护和承重构件。它一般由承重层、防水层和保温（隔热）层、面层等几大部分组成，主要承受着风、霜、雨、雪的侵蚀，以及外部荷载和自身重量。

6. 门和窗

门和窗是房屋建筑的围护构件。门主要供人们出入通行。窗主要供室内采光、通风、眺望之用。同时，门窗还具有分隔和围护作用。

此外，还有挑檐沟、雨水管、女儿墙、楼梯平台、天沟、圈梁、过梁、阳台、雨篷、踢脚、明沟、引条线、勒脚、基础、台阶、平台等构配件。

二、房屋建筑施工图的产生与分类

按正投影原理及建筑制图的有关规定详细准确画出的一幢房屋建筑的全貌及各细部构造的图样称为房屋建筑施工图。房屋建筑施工图是指导房屋施工、设备安装、编制预决算的依据，整套图纸应该完整统一、尺寸齐全、明确无误。

一套房屋建筑施工图按照专业分工的不同，可分为建筑施工图、结构施工图和设备施工图。

1. 建筑施工图（简称"建施"）

建筑施工图主要表示建筑群体的总体布局、房屋的平面布置、内外观形状、构造做法及所用材料等内容，一般包括总平面图、建筑平面图、建筑立面图、建筑剖面图和建筑详图等图纸。

2. 结构施工图（简称"结施"）

结构施工图主要表示房屋建筑承重构件的位置、类型、规格大小，及所用材料、配筋形式和施工要求等内容，一般包括结构计算说明书、基础平面图、结构平面图以及构件详图等。

3. 设备施工图（简称"设施"）

设备施工图主要表示给排水、采暖通风、电气照明、通信等设备的布置、安装要求和线路敷设等内容，一般包括给排水施工图、采暖通风施工图、电气施工图等，主要由平面布置图、系统图和详图组成。

三、房屋建筑施工图的编排顺序

各专业的图纸，应按图纸内容的主次关系、逻辑关系进行分类排序。编排顺序一般是总体图在前，局部图在后；基础图在前，详图在后；重要的图纸在前，次要的图纸在后；布置图在前，构件图在后；先施工的在前，后施工的在后。

房屋建筑施工图的一般编排顺序如下。

① 图纸目录：图纸目录的主要作用是便于查找图纸，一般以表格形式编写，说明该工程由哪几个工种的图纸组成，包括各工种的图纸名称、张数、图号、图幅大小、顺序等。

② 设计说明：主要说明工程的概况和总体要求，内容包括工程设计依据、设计标准、施工要求及需要特别注意的事项等。

③ 建筑施工图。

④ 结构施工图。

⑤ 给排水施工图。

⑥ 采暖通风施工图。

⑦ 电气施工图。

任务二　建筑施工图首页识读

教学目标

* 了解建筑施工图首页的基本组成。
* 掌握建筑施工图首页的有关规定。

教学重点

* 建筑施工图首页的图示内容。
* 建筑施工图首页的识读要点。

【任务引入】

根据建筑制图标准及施工图首页的基本内容，准确识读表 3-2-1、表 3-2-2 中的内容，并按照其内容辅助识读建筑施工图。

【专业知识学习】

建筑施工图首页一般包括图纸目录、建筑设计总说明、工程做法说明和门窗表等，用表格或文字说明。

一、图纸目录

图纸目录是为了便于了解整套图样和方便查找图样而列的表格。内容包括图纸编号、图纸名称、图幅大小、专业类别、图纸张数等。如表 3-2-1 所示,为某办公楼工程项目的建筑施工图图纸目录。

表 3-2-1　建筑施工图图纸目录(示例)

图纸目录			工程项目	××× 办公楼			
			工程号	×××	设计日期	×××	第 ×× 张
			专业负责人	×××	图别	建施	共 ×× 张
顺序	图幅	图纸编号	图纸名称				备注
1	A1	建施 -01	建筑设计总说明				
2	A1	建施 -02	构造做法表、室内装修做法表、建筑灭火器配置表				
3	A1	建施 -03	首层平面图 1：100				
4	A1	建施 -04	二、三层平面图 1：100				
5	A1	建施 -05	四层平面图 1：100				
6	A1	建施 -06	屋顶平面图 1：100				
7	A1	建施 -07	1-8 立面图 1：100				
8	A1	建施 -08	8-1 立面图 1：100				
9	A1	建施 -09	D-A 立面图、A-D 立面图				
10	A1	建施 -10	楼梯大样图 1：50				
11	A1	建施 -11	门窗大样图 1：50				
12	A1	建施 -12	节点大样图 1：50				

二、建筑设计总说明

建筑设计总说明是工程概况和总设计要求的说明。内容包括设计依据、工程设计标准、工程概况、工程的施工要求和经济技术指标、建筑用料说明等。

下面为某单位办公楼的设计说明举例。

设计说明

一、本工程设计依据

1. 建筑主管部门批复文件,城市规划部门的审批意见,消防、人防、卫生等建审部门的批复意见。

2. 某单位（甲方）的设计委托书。

3. 国家现行有关的设计规范：

《办公建筑设计标准》（JGJ/T 67—2019）；

《民用建筑设计统一标准》（GB 50352—2019）；

《建筑设计防火规范》（GB 50016—2014）等。

二、工程概况

1. 建筑名称：某单位办公楼。

　　建设单位：×××建筑公司。

　　建设地点：××省××市。

　　建筑性质：多层办公。

　　建筑设计规模：小型。

2. 建筑层数：4层，平屋顶，上人屋面，屋面防水等级为Ⅱ级。

3. 结构形式为框架结构。

　　建筑结构类别：3类。合理使用年限：50年。

　　抗震设防烈度：6度。抗震设防类别：标准设防类。

4. 本工程耐火等级为二级。

5. 规模：建筑面积$1095.2m^2$，建筑高度15.70m。

三、设计标高及尺寸标注

1. 本建筑室内地坪标高±0.000m，对应绝对标高68.2m。室外地坪—0.450m。

2. 施工放线：总平面图中所注建筑尺寸为建筑结构外包尺寸，经建设单位同意后由现场确定。

3. 标高标注：各层标注标高为建筑完成面标高，屋面标高为结构面标高。

4. 尺寸单位：本工程标高以米为单位，总平面图尺寸以米为单位，其他尺寸以毫米为单位。

四、建筑装饰装修

1. 外装修材料颜色见各立面图及外墙详图。所有外门窗洞口顶、线角下边缘均做滴水线。

2. 外装修采用的各项材料的材质、规格、颜色等，均应由施工单位提供样板，经建设和设计单位确认后封样，并根据此验收。

3. 内装修工程执行《建筑内部装修设计防火规范》（GB 50222—2017），楼地面部分执行《建筑地面设计规范》（GB 50037—2013）。室内工程所选用的建筑材料和装修材料必须符合《民用建筑工程室内环境污染控制规范》（GB 50325—2010）及其他国家相关强制性标准的规定。

五、门窗

1. 外门窗抗风压性能为2级，气密性不低于6级，水密性能不低于4级，隔声性能不低于3级。

2. 门窗玻璃选用三层透明中空玻璃,并应执行《建筑玻璃应用技术规程》(JGJ 113—2015)和《建筑安全玻璃管理规定》。

3. 门窗立面表示洞口尺寸,请生产厂家按门窗立面图及技术要求(包括风压要求),并根据该厂型材实际情况及建筑物实际洞口尺寸绘制加工图,经确认后方可施工。

4. 门窗选料、颜色、玻璃等见门窗表附注,防火门、防盗门、卷帘门的预埋件由厂家提供,按要求进行预埋。

5. 塑钢门窗框与洞口之间应用聚氨酯发泡剂填充,做好保温构造处理,不得将外框直接嵌入墙体以防门窗周边结露。

6. 有特殊功能要求的防护门窗安装需在建设单位的指导下施工。

六、其他有关注意事项

1. 本图所标注的各种留洞与预埋件应与各工种密切配合,确认无误后方可施工。

2. 施工中应严格执行国家各项施工质量验收规范。施工图中有疏漏或不明之处请在施工前与设计单位研究处理。

3. 本施工图如需更改,应经设计者认定同意,提出设计变更及修改意见后方可改动。

4. 本图须经相关单位审查通过后方可作为施工图使用。

5. 洗漱间、卫生间的地坪均低于室内地坪20mm,且按1%坡度坡向地漏。洗漱间、卫生间的防水层应从地面延伸到墙面,高出地面300mm以上,楼板上翻挡水沿300mm高。浴室墙面的防水层应高出地面1800mm以上。

6. 楼梯、室内回廊及室外楼梯等临空处设置的栏杆应采用不易攀登的构造,垂直栏杆间的净距不应大于110mm。

三、工程做法说明

工程做法说明是对工程的细部构造及要求加以说明,一般采用表格形式制作"工程做法表"。内容包括工程构造的部位、名称、做法及备注说明等,例如对楼地面、内外墙、散水、台阶等处的构造做法和装修做法。当大量引用通用图集中的标准做法时,使用工程做法表方便、高效。有时中小型房屋的工程做法说明也常与设计说明合并。

如表3-2-2所示,为某单位综合楼的工程做法表,在表中对各施工部位的名称、做法等做了详细的说明和要求。如采用标准图集中的做法,应注明所采用标准图集的代号;做法如有改变,应在备注中说明。

表3-2-2 工程做法表(示例)

编号	名称	施工部位	做法	备注
1	外墙面	瓷砖墙面	见立面图	98JI 外 22
2	内墙面	乳胶漆墙面	用于砖墙、混凝土墙	98JI 内 17
3	踢脚	水泥砂浆踢脚		98JI 踢 2

续表

编号	名称	施工部位		做法	备注
4	地面	大理石地面	用于走廊、门厅、楼梯间	98 对地 4-C	
		铺地砖楼面	仅用于卫生间	98JI 楼 14	规格及颜色由甲方定
			用于办公室	98JI 楼 12	规格及颜色由甲方定
5	楼面	大理石地面	用于走廊、门厅、楼梯间	98JI 楼 1	
		铺地砖楼面	仅用于卫生间	98JI 楼 14	规格及颜色由甲方定
			用于办公室、会议室、活动室	98JI 楼 12	规格及颜色由甲方定
6	顶棚	乳胶漆顶棚	用于所有顶棚	98JI 棚 7	
7	油漆		用于木件	98JI 油 6	
			用于铁件	98JI 油 22	
8	散水			98JI 散 3-C	宽 900mm
9	台阶		用于楼梯入口处	98JI 台 2-C	
10	屋面			98JI 屋 13（A.80）	

四、门窗表

门窗表是对建筑物上所有不同类型门窗的统计表格。它主要反映门窗的类型、大小、所选用的标准图集及其类型编号等，如有特殊要求，应在备注中加以说明。表 3-2-3 为某住宅工程门窗表。

表 3-2-3 门窗表（示例）

类别	设计编号	洞口尺寸 /mm		数量					采用标准图集及编号	备注
		宽	高	总计	一层	二层	三层	四层		
门	M-1	900	1800	46	10	12	12	12	参见 L92J601	木制空心门
	M-2	3150	2400	1	1				（甲方自定）	外门
	M-3	1200	2400	1	1				（甲方自定）	外门
窗	C-1	1200	1500	7	1	2	2	2		塑钢窗
	C-2	2400	1800	31	7	8	8	8		塑钢窗

任务三 建筑平面图的识读与绘制

教学目标

* 了解建筑平面图的形成和用途。
* 掌握建筑平面图的图示内容。
* 掌握建筑平面图的识图和绘制。

教学重点

* 建筑平面图的图示内容。
* 建筑平面图的图示方法。
* 建筑平面图的识读要点及绘制步骤。

【任务引入】

根据建筑制图标准及建筑施工平面图基本原理，准确识读图 3-3-2～图 3-3-5 中建筑平面图的图示内容，并按照 1∶100 的比例选择合适图纸，按照建筑制图的要求绘制图纸内容。

【专业知识学习】

一、建筑平面图的形成和用途

建筑平面图是假想用一个水平剖切平面在建筑物门窗洞口处将房屋剖切开，移去剖切平面以上的部分，将剩余部分用正投影法向水平投影面作正投影所得到的投影图。这个假想的剖切面剖切的是哪一层，就称之为哪一层的平面图，如图 3-3-1 所示。

建筑平面图能够表达建筑物各层水平方向上的平面形状，房间的布置情况，墙、柱、门窗等构配件的位置、尺寸、材料、做法等内容。建筑平面图是建筑施工图中的主要图纸之一，是施工过程中放线、砌墙、安装门窗、编制概预算及施工备料的主要依据。

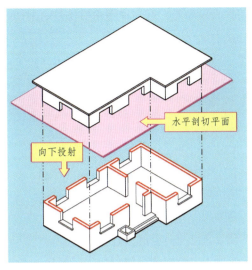

图 3-3-1　建筑平面图的形成

二、建筑平面图的图示内容

1. 底层平面图的图示内容

① 表示建筑物朝向。建筑物朝向是指建筑物主要出入口的朝向，主要入口朝向哪个方向就称建筑物朝向哪个方向。建筑物的朝向由指北针来表示，指北针一般只画在底层平面图中。

② 表示建筑物的墙、柱位置，并对其轴线进行编号。在平面图中，墙、柱是被剖切到的部分。墙、柱在平面图中用定位轴线来确定其平面位置，在各层平面图中定位轴线是对应的。在平面图中剖切到的墙体通常不画材料图例，柱子用涂黑来表示。平面图中还应表示出墙体的厚度（墙体未包含装修层的厚度）、柱子的截面尺寸及其与轴线的关系。

③ 表示建筑物的门窗位置及编号。在平面图中门窗用图例表示，为了表示清楚，通常对门窗进行编号。门用代号"M"表示，窗用代号"C"表示，编号相同的门窗做法和尺寸都相同。在平面图中门窗只能表示出宽度，高度尺寸要到剖面图、立面图或门窗表中查找。

④ 注明各房间的名称、用途、平面位置及具体尺寸。

⑤ 室内外楼地面标高。在底层平面图中通常表示出室内地面和室外地面的相对标高。在标准层平面图中，不在同一高度上的房间都要标出其相对标高。首层地面标高一般为 ±0.000m，有坡度要求的房间应注明地面坡度。

⑥ 表示楼梯的位置及楼梯上下行方向、级数、楼梯平台标高。由于平面图比例较小，因此楼梯只能表示出上下方向和级数，详细的尺寸和做法在楼梯详图中表示。在平面图中能够表示楼梯间的平面位置、开间、进深等尺寸。

⑦ 表示阳台、雨篷、台阶、雨水管、散水、明沟、花池等的位置及尺寸。

⑧ 表示室内设备（如卫生器具、水池等）的形状、位置。

⑨ 画出剖面图的剖切符号及编号。标注详图索引符号、剖切符号等相应符号。剖切符号应画在底层平面图中。

⑩ 标注墙厚、门、窗，以及房屋开间、进深等各项尺寸。平面图中标注的尺寸一般有三道。最里边一道尺寸标注门窗洞口尺寸及其与轴线的关系（这道标注在初步设计图中，常省略），中间一道尺寸标注轴线间的尺寸，最外边的一道尺寸标注房屋的总尺寸。

2. 标准层平面图的图示内容

① 标注图名、比例。
② 表示建筑物的门、窗位置及编号。
③ 注明各房间名称、各项尺寸及楼地面标高。
④ 表示建筑物的墙、柱位置并对其轴线进行编号。
⑤ 表示楼梯的位置及楼梯上下行方向、级数和平台标高。
⑥ 表示阳台、雨篷、雨水管的位置及尺寸。
⑦ 表示室内设备（如卫生器具、水池等）的形状、位置。
⑧ 标注详图索引符号。

3. 屋顶平面图的图示内容

屋顶平面图应表明排水情况，如排水分区、天沟、屋面坡度、下水口位置等，以及突出屋面的电梯机房、水箱间、天窗、管道、烟囱、检查口、屋面变形缝等的位置。

三、建筑平面图的图示方法

① 平面图的图名以楼层层数命名，图名标注通常在图样的下方中间区域，图名文字下方加画一条粗实线，比例标注在图名右方，其字高比图名字高小 1～2 号。底层平面图上应画出指北针，指北针表明房屋的朝向。

② 平面图表示房屋的平面布局情况，即房间的名称，出入口位置，楼梯的位置及形式，门窗的位置及尺寸，室外台阶、坡道、散水的布置，及房间内的必要固定设施等。

③ 定位轴线用以确定房屋各承重构件（如承重墙、柱、梁）的位置及标注尺寸的基线。横向定位轴线之间的距离称为"开间"，竖向定位轴线之间的距离称为"进深"。

④ 平面图中凡是剖切到的墙用粗实线双线表示，其余可见轮廓线则用细实线表示。当比例用 1∶100～1∶200 时，平面图中的墙、柱断面通常不画建筑材料图例，可画简化的材料图例（如柱的混凝土断面涂黑表示），且不画抹灰层；比例大于 1∶50 的平面图，应画出抹灰层的面层线，并画出材料图例；比例等于 1∶50 的平面图，抹灰层的面层线应根据需要而定；比例小于 1∶50 的平面图，可以不画出抹灰层，但宜画出楼地面和屋面的面层线。

⑤ 门窗等构配件参见图例画法，并标注门窗代号。门代号为 M、窗代号为 C，代号后面注写编号以区分不同形式和尺寸的门窗，如 M1、C6 等。同一编号表示同一类型，即形

式、大小、材料均相同的门窗。如果门窗类型较多，则可单列门窗表，门窗的具体做法可见构造详图或图集。

⑥ 平面图中必要的尺寸包括：房屋的总长、总宽，各房间的开间、进深，门窗洞的宽度和位置，墙厚，以及其他一些主要构配件与固定设施的定形和定位尺寸等。标注的尺寸分为外部尺寸和内部尺寸两部分。

为便于读图和施工，外部尺寸一般注写三道。

第一道：标注外轮廓的总尺寸，即外墙的一端到另一端的总长和总宽尺寸。

第二道：标注轴线之间的距离。

第三道：标注细部的位置及大小，如门、窗洞口的宽度尺寸。

室外台阶、坡道、散水等单独标注。

建筑内墙的门窗洞口等细部尺寸应单独标注。内部尺寸表示房间的净空大小、室内门窗洞的大小与位置、固定设施的大小与位置、墙体的厚度等。

⑦ 房屋建筑图中，宜标注室内外地坪、楼地面、地下层地面、阳台、平台、檐口、门窗、台阶等处的标高。标高的数字一律以"米"为单位，并注写到小数点以后第三位。常以房屋的底层室内地面作为零点标高，注写形式为：±0.000；零点标高以上为"正"，标高数字前不必注写"+"号；零点标高以下为"负"，标高数字前必须注写"-"号。

【任务训练】

某办公楼建筑平面图识读与绘制

（一）任务内容

如图 3-3-2～图 3-3-5 所示，识读某办公楼建筑平面图，抄绘某办公楼建筑平面图。

（二）指导与解析

1. 识图训练——指导与解析（以一层平面图为例）

① 比例、图名及朝向。如图 3-3-2 所示，一层平面图采用的比例为 1∶100。

② 平面布局。一层平面图表示房屋底层的平面布局情况。即房间的名称、出入口位置、楼梯的位置及形式、门窗的位置及尺寸，以及室外台阶、坡道、散水的布置位置等。

③ 定位轴线。如图 3-3-2 所示，该办公楼横向定位轴线有 8 根，纵向定位轴线有 4 根。①～②轴办公室的开间尺寸为 3300mm，Ⓐ～Ⓑ轴办公室的进深尺寸为 4800mm；Ⓑ～Ⓒ轴走廊的开间尺寸为 2100mm；①～②轴卫生间的开间尺寸为 3300mm，Ⓒ～Ⓓ轴卫生间的进深尺寸为 4800mm。

④ 墙柱的断面及门窗。如图 3-3-2 所示，门 M1 宽度 900mm，M2 宽度 3150mm，M3 宽度 1200mm；窗 C1 宽度 1200mm，C2 宽度 2400mm。外墙截面尺寸 370mm，内墙截面

尺寸 240mm，楼梯间墙体截面尺寸 240mm。外墙柱子尺寸 450mm×450mm，内墙柱子尺寸 300mm×300mm。

⑤ 尺寸、标高及楼梯的标注。具体如下。

a. 尺寸标注。如图 3-3-2 所示，第一道：标注外轮廓的总尺寸，即外墙的一端到另一端的总长和总宽尺寸，如一层总长为 23400mm，总宽为 11700mm。第二道：标注轴线之间的距离，如①～②轴线之间的距离为 3300mm，④～⑤轴线之间的距离为 3600mm，Ⓐ～Ⓑ轴线之间的距离为 4800mm，Ⓑ～Ⓒ轴线之间的距离为 2100mm。第三道：表示细部的位置及大小，包括门窗洞口的宽度尺寸，如Ⓑ～Ⓒ轴线之间的窗户 C1 洞口宽度尺寸为 1200mm，④～⑤轴线之间的门 M2 门洞宽度为 3150mm。

室外台阶平台宽 3600mm、深度 1550mm、台阶踏面宽 400mm，坡道深度 1100mm，散水宽 600mm。

b. 标高标注。如图 3-3-2 所示，一层走廊的地面标高为 ±0.000m，办公室标高为 ±0.000m，卫生间的标高 -0.020m 等。如图 3-3-3 所示，二层走廊的地面标高为 3.600m，办公室的标高为 3.600m，卫生间的标高 3.580m 等。每一楼层的室内地面标高是相对于一层地面 ±0.000m 的高度。

c. 楼梯标注。楼梯在平面图中标注上下行方向线并另画详图表示。

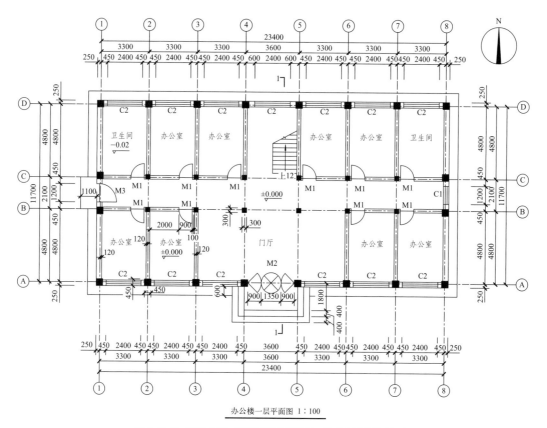

办公楼一层平面图 1∶100

图 3-3-2　某办公楼一层平面图（扫底封二维码查看高清大图）

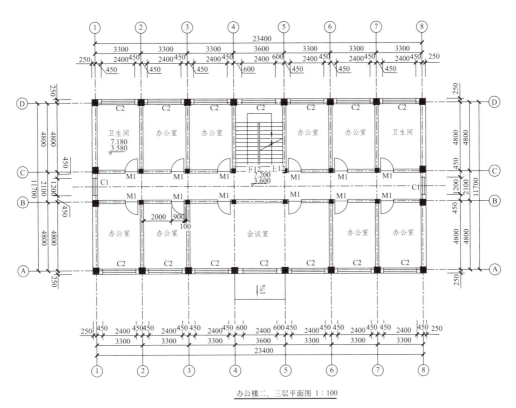

办公楼二、三层平面图 1:100

图 3-3-3 某办公楼标准层平面图（二、三层平面图）（扫底封二维码查看高清大图）

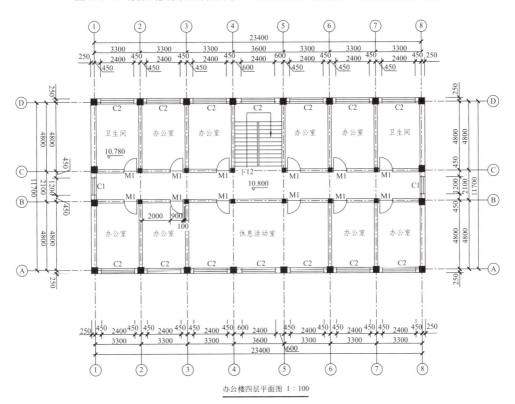

办公楼四层平面图 1:100

图 3-3-4 某办公楼顶层平面图（四层）（扫底封二维码查看高清大图）

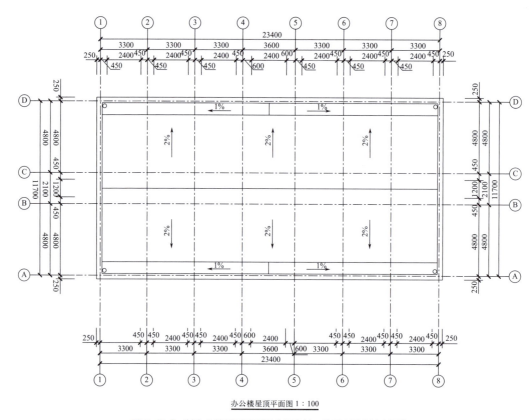

办公楼屋顶平面图 1:100

图 3-3-5　某办公楼屋顶平面图（扫底封二维码查看高清大图）

2. 绘图训练——指导与解析

步骤 1. 先画出所有定位轴线，然后画出墙、柱轮廓线，并补全未定轴线的次要非承重墙。

步骤 2. 确定门窗洞口的位置，绘出所有的建筑构配件、卫生器具等细部的图例或外形轮廓，如楼梯、台阶、卫生间、散水、花池等。

步骤 3. 经检查无误后，擦去多余的图线，按规定线型加粗。

步骤 4. 标注轴线编号、标高尺寸、内外部尺寸、门窗编号、索引符号以及书写其他文字说明。在底层平面图中，还应画剖切符号以及在图外适当的位置画上指北针图例，以表明方位。

步骤 5. 在平面图下方注写出图名及比例等。

备注：①建筑平面图一般采用 1:200、1:100 和 1:50 的比例绘制；②门、窗和设备等均采用国家规定的图例来表示，如图 3-3-6 所示。

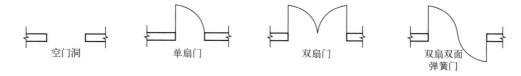

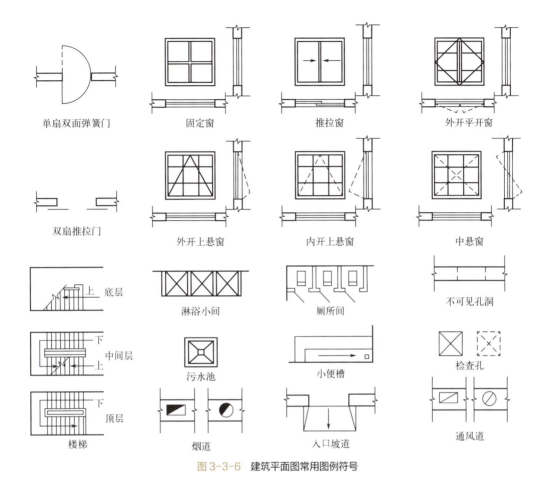

图 3-3-6 建筑平面图常用图例符号

任务四 建筑立面图的识读与绘制

教学目标

* 了解建筑立面图的形成和用途。
* 掌握建筑立面图的图示内容。
* 掌握建筑立面图的识读和绘制。

教学重点

* 建筑立面图的图示内容。
* 建筑立面图的图示方法。
* 建筑立面图的识读要点及绘制方法。

【任务引入】

根据建筑制图标准及建筑立面图基本原理，准确识读建筑正立面图（图 3-4-1）、建筑侧立面图（图 3-4-2）的图示内容；并按照 1∶100 的比例选择合适图纸，按照建筑制图的规范要求，绘制图纸。

【专业知识学习】

一、建筑立面图的用途和形成

在与建筑物外墙面平行的投影面上作的正投影图称为建筑立面图，简称立面图。建筑立面图主要用来表示建筑物的外部形状、主要部位高程及立面装修要求等。在施工过程中，它是外墙面装修、工程概预算、备料等的依据。

二、建筑立面图的图示内容

建筑立面图主要包括如下图示内容。
① 建筑物某些部分的位置形状，如门窗、台阶、雨篷、阳台、雨水管等。
② 建筑物外墙面的装修做法。
③ 建筑物各主要部位的高度。立面图中通常需要标注出室内外地坪、各楼层门窗洞口、台阶雨篷檐口、屋面等部位的标高。
④ 尺寸标注。尺寸标注需要标注三道尺寸，具体方法如下。
a. 第一道尺寸标注总高。
b. 第二道尺寸标注层高（从某层楼面或地面到上一层楼面的垂直距离称为层高）。
c. 第三道尺寸标注房屋的室内外高差、门窗洞口高度、窗台的高度、窗顶到楼面（屋面）的高度等。
⑤ 建筑物两端或分段的轴线及编号。
⑥ 建筑立面图的比例及图名。建筑立面图的比例根据《建筑制图标准》（GB/T 50104—2010）规定，常用的有 1∶100、1∶200、1∶50。建筑立面图的命名方法有三种，具体如下。
a. 按房屋立面的主次来命名，如正立面图、背立面图、左侧立面图、右侧立面图等。通常把房屋主要出入口所在的那面或反映房屋外貌特征那面的立面图称为正立面图，其背

后的立面图称为背立面图，自左向右观看得到的立面图称为左立面图，自右向左观看得到的立面图称为右立面图。某些建筑物的立面可能为斜面或曲面，则应将倾斜的部分展开绘制成展开立面图，但应在图名后加注"展开"二字。

b. 按各墙面的朝向来命名，如东立面图、西立面图、南立面图、北立面图等。

c. 按照两端定位轴线编号来命名，如"①～⑨立面图"。

比较常用的是根据墙面朝向和两端定位轴线的编号命名立面图。

三、建筑立面图的图示方法

① 绘图图线：立面图的外形轮廓用粗实线表示；门窗洞口、檐口、阳台、雨篷、台阶等用中实线表示；其余均用细实线表示；引线、尺寸标注线采用细实线。在立面图上，门窗应按标准规定的图例画出。通过不同的线型及图线的位置来表示门窗的形式。由于立面图的比例较小，许多细部（门扇、窗扇等）应按《建筑制图标准》（GB/T 50104—2010）所规定的图例绘制。为了简化作图，对于相同型号的门窗，也可以只详细地画出其中的一两个即可，其他在立面图中可只绘制简图。如另有详图和文字说明的细部（如檐口、屋顶、栏杆），在立面图中也可简化绘出。

② 装修做法的标注形式用带文字说明的引出线表示，黑圆点所在区域的做法采用文字说明注写在引出线上。

③ 立面图一般只在竖直方向标注尺寸。标注标高时，应注写在立面图的轮廓线以外，分两侧就近注写。注写时要上下对齐，并尽量使它们位于同一条铅垂线上，但对于一些位于建筑物中部的结构，为了表达更为清楚，在不影响图面清晰的前提下，也可就近标注在轮廓线以内。平面图上的标高，首先要确定底层平面上起主导作用的地面为零点标高，即用 $\underline{\pm 0.000}$ 来表示。其他水平高度则为其相对标高，低于零点标高者在标高数字前加"-"号，高于零点标高者直接标注标高数字。标高数字要标注到小数点后的第三位。

标注线性尺寸时以毫米为单位，标高数字以米为单位。

【任务训练】

某办公楼建筑立面图识读

（一）任务内容

如图 3-4-1、图 3-4-2 所示，识读某办公楼建筑立面图，抄绘某办公楼建筑立面图。

（二）指导与解析

1. 识图训练指导与解析

① 建筑立面图的比例及图名。建筑立面图的常用比例和平面图相同，本图采用 1∶100

的比例与平面图吻合。本立面图的图名为①～⑧立面图和Ⓓ～Ⓐ立面图。

② 定位轴线。在立面图中，一般只标出图两端的轴线及编号，其编号应与平面图一致。

③ 外形外貌及外墙面装饰做法。图 3-4-1 为某办公楼的南立面图，该建筑为四层楼，将其与平面图（图 3-3-2～图 3-3-5）对照阅读可知，该立面图显示人行主出入口有 1 个。外墙面装饰的材料和做法通常以文字说明形式标注在立面图上，如图 3-4-1、图 3-4-2 所示，外墙饰面为灰色面砖饰面。建筑总高度 15.750m，一层、二层、三层、四层的层高均为 3.6m。如图 3-4-2 所示，该立面图显示次出入口有 1 个。

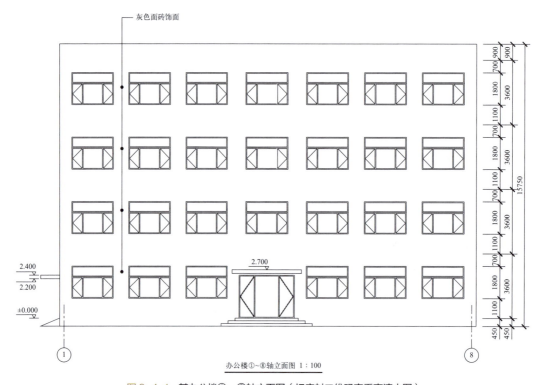

图 3-4-1　某办公楼①～⑧轴立面图（扫底封二维码查看高清大图）

④ 尺寸标注。立面图上通常只表示竖直方向的尺寸，且该类尺寸主要用标高尺寸表示。比如南立面室外地坪标高为 -0.450m，一层地面标高 ±0.000m，二层楼面、三层楼面和四层楼面的标高分别为 3.600m、7.200m 和 10.800m，屋面板标高为 14.400m，女儿墙上表面标高为 15.300m。

本图在竖直方向标注三道尺寸线。里边一道尺寸标注房屋的室内外高差 450mm、门洞口高度 2100mm、窗洞口高度 1500mm、垂直方向窗间墙 2100mm、窗下墙高 1100mm、女儿墙高度 900mm；中间一道尺寸标注层高尺寸 3600mm；外边一道尺寸为总高 15750mm。

2. 绘图训练指导与解析

步骤 1. 画出室外地坪、两端的定位轴线、外墙轮廓线、屋顶线等。

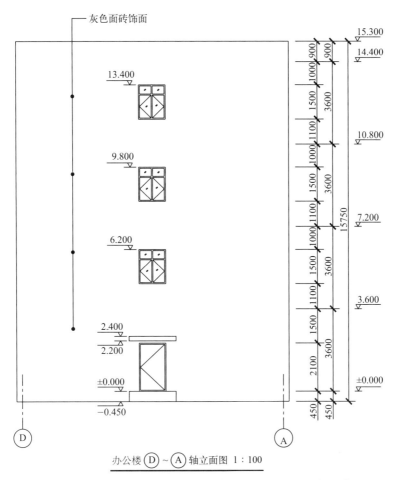

图 3-4-2　某办公楼 D～A 轴立面图（扫底封二维码查看高清大图）

步骤 2. 根据层高、各部分标高和对应平面图的门窗洞口尺寸，画出立面图中门窗洞、檐口、雨篷、雨水管等细部的外形轮廓。

步骤 3. 画出门扇、墙面分格线、雨水管等细部，对于相同的构造、做法（如门窗立面和开启形式）可以只详细画出其中的一个，其余的只画外轮廓。

步骤 4. 检查无误后，按标准的规定加粗图线，并注写标高、图名、比例及有关文字说明。

备注：建筑立面图的比例通常与平面图一致。绘制建筑平面图时，外墙的最外轮廓线、屋脊线用粗实线表示；门窗洞口、檐口、雨篷、阳台、台阶、花池等用中实线表示；门窗扇及分格线、栏杆、花格、雨水管、墙面分格线等均用细实线表示；室外地平线用加粗实线表示。

任务五 建筑剖面图的识读与绘制

教学目标

* 了解建筑剖面图的形成和用途。
* 掌握建筑剖面图的图示内容。
* 掌握建筑剖面图的识图和绘制。

教学重点

* 建筑剖面图的图示内容。
* 建筑剖面图的图示方法。
* 建筑剖面图的识读要点及绘制方法。

【任务引入】

根据建筑制图标准及建筑剖面图的基本原理,准确识读图 3-5-1 中的建筑剖面图;并按照 1∶100 的比例选择合适的图纸,按照建筑制图的规范要求绘制图纸。

【专业知识学习】

一、建筑剖面图的用途和形成

假想用一个或者多个与房屋横墙或纵墙平行的铅锤面将房屋切开,移去剖切面与观察者之间的部分,将剩余部分按正投影原理向与其平行的投影面作投影,得到的投影图称为建筑剖面图,简称剖面图。在实际工程中,剖切位置通常选择在楼梯间并包括重要的门窗洞口位置。

建筑剖面图用来表示建筑物内部竖直方向的布置情况及各构件竖向剖切后的情况,是工程概预算及备料的重要依据。

二、建筑剖面图的图示内容

建筑剖面图的图示内容如下。

① 房屋内部的分层分隔情况。

② 剖切到的房屋承重构件，如楼板、梁、过梁楼梯等。

③ 剖切到的一些附属构件，如台阶、散水、雨篷等。

④ 未剖切到的可见的构配件，如梁、柱、阳台、雨篷、门窗、楼梯段等。

⑤ 标高，如室外地坪、楼地面、屋顶、阳台、平台、台阶等标高。

⑥ 尺寸标注。剖面图中竖直方向的尺寸标注也分为三道：最里一道标注门窗洞口高度、窗台高度、门窗洞口顶到楼面（屋面）的高度。中间一道标注层高尺寸；最外一道标注从室外地坪到外墙顶部的总高度。在剖面图中的水平方向上需要标注剖切到的墙柱轴线间的尺寸。

⑦ 详图索引符号与某些用料、做法的文字注释等。

⑧ 剖切到的外墙定位轴线及编号。

⑨ 图名。剖面图图名要与对应的平面图中标注的剖切符号的编号一致，如 1—1 剖面图。

⑩ 比例。建筑剖面图的常用比例为 1∶50、1∶100、1∶200，视房屋的大小和复杂程度选定，一般选用与建筑平面图相同的或较大一些的比例。

三、建筑剖面图的图示方法

① 剖面图中被剖切的墙体、楼板、屋面板等轮廓线用粗实线表示；被剖切的钢筋混凝土楼板、屋面板、梁、楼梯段、楼梯平台断面等用图例填充表示。当钢筋混凝土构件断面较窄时可涂黑表示。

未剖切的可见轮廓线如门窗洞、楼梯段、楼梯扶手、内外墙轮廓线用中粗实线或细实线表示；门窗扇及分格线、较小的建筑构配件的轮廓线等用细实线表示；室内、室外地坪线用加粗实线表示；图中的引出线、尺寸界线、尺寸线等用细实线表示。

② 建筑剖面图的比例通常与平面图、立面图相同。

③ 尺寸标注。不同方向的尺寸标注方法如下。

a. 竖直方向：在剖面图中，应标注垂直方向上的分段尺寸和标高。垂直尺寸一般分三道：最外一道是总高尺寸；中间一道是层高尺寸，主要表示各层的高度；最里一道为细部尺寸，标注门窗洞、窗间墙等的高度尺寸。除此之外还应标注建筑物的室内外地坪、各层楼面、门窗洞的上下口及墙顶等部位的标高。图形内部的梁及其他构件的标高也应标注，且楼地面的标高应尽量标在图形内。

b. 水平方向：常标注剖切到的墙、柱及剖面图两端的轴线编号和轴线间距。

c. 由于剖面图比例较小，某些部位如墙角、窗台、过梁等节点，不能详细表达，可在该部位画上详图索引符号，另用详图来表示其细部构造尺寸。

【任务训练】

某办公楼建筑剖面图识读与绘制

（一）任务内容

如图 3-5-1 所示，识读某办公楼建筑剖面图，抄绘某办公楼建筑剖面图。

（二）指导与解析

1. 识图训练指导与解析

① 比例及图名。如图 3-5-1 所示，剖面图图名要与对应的平面图中标注的剖切符号的编号一致，为"1—1 剖面图"，比例为 1：100。

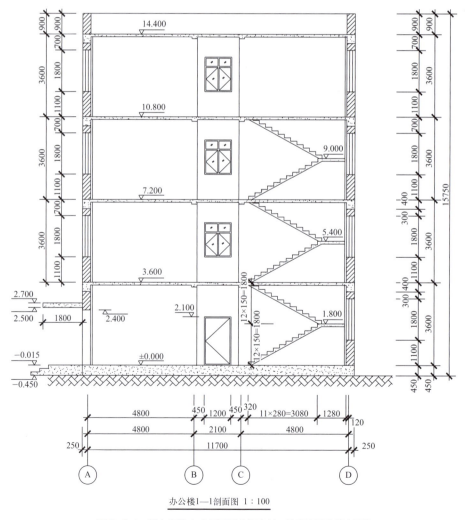

图 3-5-1　某办公楼 1-1 剖面图（扫底封二维码查看高清大图）

② 定位轴线。在剖面图中，应注出被剖切到的各承重墙的定位轴线及与平面图一致的轴线编号Ⓐ、Ⓑ、Ⓒ、Ⓓ和尺寸，Ⓐ～Ⓑ轴间距 4800mm，Ⓑ～Ⓒ轴间距 2100mm，Ⓒ～Ⓓ轴间距 4800mm。画剖面图所选比例与平面图一致。

③ 尺寸标注，竖直与水平方向尺寸标注的方法如下。

a. 竖直方向：外侧标注的垂直尺寸分三道，最外一道是总高尺寸 15750mm，中间一道是每层层高尺寸 3600mm，最里一道为细部尺寸；标注外墙上窗洞高度为 1800mm、窗下墙高度 1100mm。

建筑物的室内外地坪高差 450mm，竖向标注也应包含各层楼地面标高、门窗洞口上下口位置标高及女儿墙墙顶的标高等。

b. 水平方向：常标注剖切到的墙、柱及剖面图的轴线编号Ⓐ、Ⓑ、Ⓒ、Ⓓ和轴线间距，Ⓐ～Ⓑ轴间距 4800mm，Ⓑ～Ⓒ轴间距 2100mm，Ⓒ～Ⓓ轴间距 4800mm。

2. 绘图训练指导与解析

步骤 1. 画出定位轴线、室内外地坪线、各层楼面线和屋面线，并画出墙身轮廓线。

步骤 2. 画出楼板、屋顶的构造厚度，再确定门窗位置及细部，如梁、板、楼梯段与休息平台等。

步骤 3. 经检查无误后，擦去多余线条。按标准的规定加粗图线，画材料图例。注写标高、尺寸、图名、比例及有关文字说明。

任务六　建筑详图的识读与绘制

教学目标

* 了解建筑详图的形成和用途。
* 掌握建筑详图的图示内容。
* 掌握建筑详图的识读和绘制。

教学重点

* 建筑详图的图示内容。
* 建筑详图的图示方法。
* 建筑详图的识读要点及绘制方法。

【任务引入】

根据建筑制图标准及建筑详图的基本原理，准确识读楼梯详图（图 3-6-1、图 3-6-2），并按照适合比例选择合适图纸，按照建筑制图的规范要求绘制图纸。

【专业知识学习】

一、建筑详图的用途和形成

房屋建筑平面图、立面图、剖面图都是用较小的比例绘制的，主要表示房屋的总体情况，而建筑物的一些细部形状构造等无法表示清楚。因此，在实际中对建筑物的一些节点及建筑构配件的形状、材料、尺寸、做法等用较大比例的图样表示，称为建筑详图或大样图。

二、建筑详图的图示内容

常用的建筑详图有外墙详图、楼梯详图、卫生间详图、门窗详图、雨篷详图等。由于各地区都编有标准图集，因此在实际工程中有些详图可从标准图集中选取。

1. 外墙详图

外墙详图主要表达房屋的屋面、楼层、地面和檐口构造，以及楼板与墙的连接、勒脚、散水等处的构造形式等。

2. 楼梯详图

楼梯是楼房上下层之间重要的垂直交通设施，一般由楼梯段、休息平台和栏杆（栏板）组成。

楼梯平面图是用一个假想的水平剖切平面通过每层向上的第一个梯段的中部（休息平台下）剖切后，向下作正投影所得到的水平投影图。它实质上是房屋各层建筑平面图中楼梯间的局部放大图，主要反映台阶、楼梯的类型、结构形式、各部位的尺寸及踏步、栏板等装饰做法。它是台阶和楼梯施工、放样的主要依据，一般包括平面图、剖面图和节点详图。

当中间各层的楼梯构造相同时，剖面图可只画出底层、中间层（标准层）和顶层，中间用折断线分开；当中间各层的楼梯构造不同时，应画出各层剖面，如图 3-6-1 所示。

楼梯剖面图是用一个假想的铅垂剖切平面，通过各层的同一位置梯段和门窗洞口，将楼梯垂直剖开向另一未剖到的梯段方向作正投影所得到的剖面投影图，如图 3-6-2 所示。

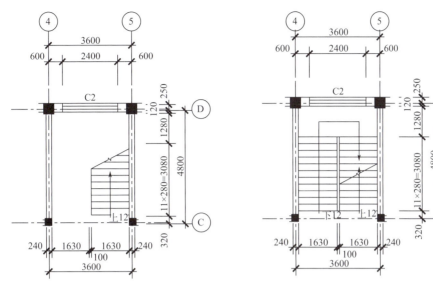

(a) 底层楼梯平面图 1:50 (b) 标准层楼梯平面图 1:50

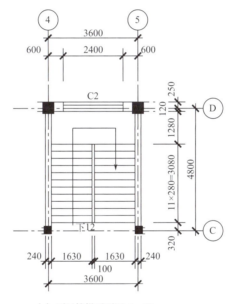

(c) 顶层楼梯平面图 1:50

图 3-6-1 某办公楼楼梯平面详图

三、建筑详图的图示方法

详图通常采用1:10和1:20的比例，必要时也可选用1:3、1:4、1:5、1:30、1:40等比例绘制。详图与平面图、立面图、剖面图之间是用索引符号联系起来的，建筑详图的数量由工程的难易程度决定。

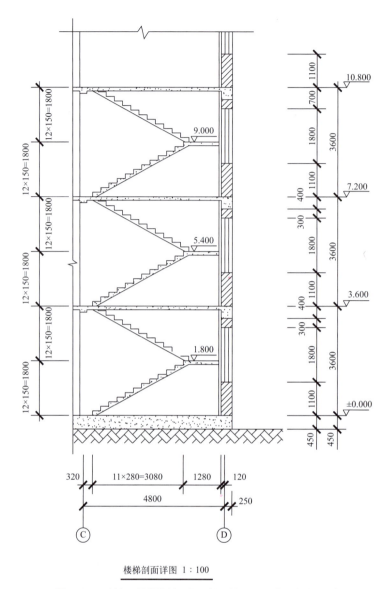

楼梯剖面详图 1:100

图 3-6-2 某办公楼楼梯剖面详图（扫底封二维码查看高清大图）

1. 外墙详图

画图时，通常将各个节点剖面连在一起，中间用折断线断开，各个节点详图都分别注明详图符号和比例。

2. 楼梯平面详图和剖面详图

通常采用 1:50 的比例绘制。楼梯平面图应完整清晰地表示楼梯各梯段、平台、栏杆的构造、梯段和踏步数量，以及楼梯的结构形式等。

图上要注出轴线编号，表明楼梯在房屋中所在的位置，并注明轴线间尺寸以及楼地面和平台的标高。在楼梯平面图中，每梯段踏步面水平投影的个数均比楼梯剖面图中对应的踏步个数少一个，这是因为平面图中梯段的最上面一个踏步面与楼面平齐。在每一个梯段处画带有箭头的指示线，并注写"上"或"下"字样，如图3-6-1所示。

如图3-6-2所示，为楼梯剖面详图。它的剖切位置和投影方向已表示在底层楼梯平面图之中。图上应标出地面、平台和各层楼面的标高，以及梯段的高度尺寸和踏步数。

【任务训练】

某办公楼建筑楼梯详图识读与绘制

（一）任务内容

如图3-6-1、图3-6-2所示，识读某办公楼楼梯详图，绘制某办公楼楼梯详图。

（二）指导与解析

1. 识图训练指导与解析

下面结合某办公楼的楼梯详图，说明建筑详图的图示内容。

① 楼梯平面详图如图3-6-1所示。

图名：底层楼梯平面图、标准层楼梯平面图和顶层楼梯平面图。

比例：1∶50。

标注：楼梯间开间④～⑤轴之间距离为3600mm，进深ⓒ～ⓓ轴之间距离为4800mm，楼层休息平台宽度320mm，中间休息平台宽度1280mm，梯段水平投影长度3080mm，梯段宽度1630mm，梯井宽100mm，楼梯踏步的踏面宽280mm，每一梯段的踏步数为12。

② 楼梯剖面详图如图3-6-2所示。

图名：楼梯剖面详图。

比例：1∶100。

标注：水平标注中楼梯间进深ⓒ～ⓓ轴之间距离为4800mm，楼层休息平台宽度320mm，中间休息平台宽度1280mm。

竖向标注中左侧标注内容为楼梯每个梯段高1800mm，每个梯段由12个踏步组成，踏步高150mm。右侧尺寸标注线中内侧尺寸为室内外高差450mm，外墙窗户高度为1800mm，窗下墙高度为1100mm，窗间墙高度1800mm。

标高：室内地坪标高±0.000m，二层楼面标高3.600m，三层楼面标高7.200m，四层楼面标高10.800m。底层楼梯中间休息平台标高1.800m，二层楼梯中间休息平台标高5.400m，三层楼梯中间休息平台标高9.000m。

2. 绘图训练指导与解析

步骤 1. 画出定位轴线及各楼面、休息平台、墙身线。

步骤 2. 确定楼梯踏步的起点，画出楼梯剖面图上各个踏步的投影。

步骤 3. 擦去多余线条，画出楼地面、楼梯休息平台、踏步板的厚度以及楼层梁、平台梁等细部内容。

步骤 4. 经检查无误后，按标准的规定加粗图线，画材料图例，注写标高、尺寸、图名、比例及有关文字说明。

笔记

模块四
装饰施工图的识读与绘制

导学指南

　　装饰施工图是用于表达建筑装饰装修工程的总体布局、立面造型、内部布置、细部构造和施工要求的图样。装饰施工图按施工范围分为室外装饰施工图和室内装饰施工图。室外装饰施工图主要包括檐口、外墙、幕墙、主要出入口部分（雨篷、外门、台阶），以及花池、橱窗、阳台、栏杆等的装饰装修做法；室内装饰施工图主要包括室内空间布置及楼地面、顶棚、内墙面、门窗套、隔墙（断）等的装饰装修做法，即人们常说的外装修与内装修。

　　由于装饰施工图所反映的内容繁多、形式复杂、构造细致、尺度变化大，目前国家暂时还没有建筑装饰的制图标准。因此，装饰施工图一般沿用《房屋建筑制图统一标准》（GB/T 50001—2017）和《建筑制图标准》（GB/T 50104—2010）等的规定。装饰施工图与建筑施工图密切相关，因为装饰工程依附于建筑工程，所以装饰施工图和建筑施工图有相同之处，但又侧重点不同。为了突出装饰装修，在装饰施工图中一般都采用简化建筑结构、突出装饰装修做法的图示方法。在制图和识图上，装饰施工图有其自身的特点和规律，如图样的组成、表达对象、投影方向、施工工艺及细部做法的表达等都与建筑施工图有所不同。必要时还可绘制透视图、轴测图等进行辅助表达。

　　装饰施工图一般有装饰装修设计说明、图纸目录、材料表、平面布置图、地面铺装图、顶棚平面图、立面图、节点详图及配套专业设备工程图等。

任务一 装饰施工平面布置图的识读与绘制

教学目标

* 了解装饰施工平面布置图的形成原理。
* 掌握装饰施工平面布置图的图示内容及图示方法。
* 能阅读装饰施工平面布置图,并能依据制图标准绘制室内装饰施工平面布置图。

教学重点

* 装饰施工平面布置图的图示内容。
* 装饰施工平面布置图的图示方法。
* 装饰施工平面布置图的识读要点及绘制步骤。

【任务引入】

根据建筑制图标准及装饰施工平面布置图图示内容及方法的相关知识,准确识读住宅装饰施工平面布置图;并选择合适的绘图比例和图幅,依据建筑制图规范要求绘制图纸。

【专业知识学习】

一、装饰施工平面布置图的形成和用途

通常假想用一个平行于地面的剖切面,在距地面1.5m左右的位置或略高于窗台的位置对建筑物作水平全剖切,移去剖切面上面的部分,对剩下的部分自上而下作水平正投影图,所得的水平剖面图即为平面布置图。

装饰施工平面布置图也称作平面布局图,它是一种表达设计意图和空间组织的重要工具,主要用于表达房间内家具、设备等的平面布置、平面形状、位置关系及尺寸大小,表明饰面的材料和工艺要求等内容。装饰施工平面布置图通常呈现出清晰的布局和空间关系,

帮助人们更好地理解和规划空间使用。

如图 4-1-1 所示，为某住宅户型的原始建筑平面图，图 4-1-2 所示为设计完成的装饰施工平面布置图。

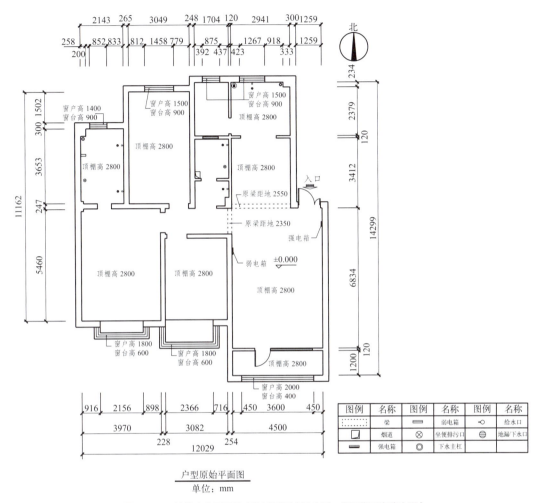

图 4-1-1　某住宅户型原始建筑平面图（扫底封二维码查看高清大图）

二、装饰施工平面布置图的图示内容

装饰施工平面布置图与建筑平面图表达的内容及表达方式基本相同，所不同的是增加了装饰装修和陈设的内容。

装饰施工平面布置图表达的主要内容如下。

① 建筑主体结构（如墙、柱、台阶、楼梯、门窗等）的平面布置、具体形状，以及各种房间的位置和功能等。

② 室内家具陈设、设施（电器设备、卫生盥洗设备等）的形状、摆放位置和说明等。

③ 隔断、装饰构件、植物绿化、装饰小品的形状和摆放位置。

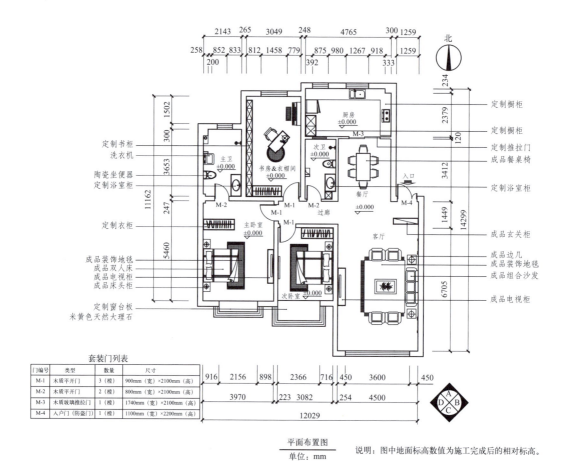

图 4-1-2 某住宅装饰施工平面布置图（扫底封二维码查看高清大图）

④ 尺寸标注。一是建筑结构体的尺寸；二是装饰布局和装饰结构的尺寸；三是家具、设备的尺寸。

⑤ 门窗的开启方式及尺寸。

⑥ 详图索引、各面墙的立面投影符号（内视符号）及剖切符号等。对于复杂一些的装饰工程，有时会将平面布置图中表达详图索引、各面墙立面投影符号的部分拆分为"索引平面图"单独呈现。

图 4-1-3 为装饰施工平面布置图表达内容图示说明。

三、装饰施工平面布置图的图示方法

① 装饰施工平面布置图应做到层次分明、效果美观，能较生动形象地表现出装饰构件、家具设施等物体的形状。

② 装饰施工平面布置图中绘制的装饰构件、家具设施等物体的尺寸应如实、准确。

③ 图线的线型、线宽应规范，要层次分明，有利于区分和识别。

④ 图内不宜有过多的尺寸标注和文字说明，以免破坏图面的层次感，导致不利于识读。

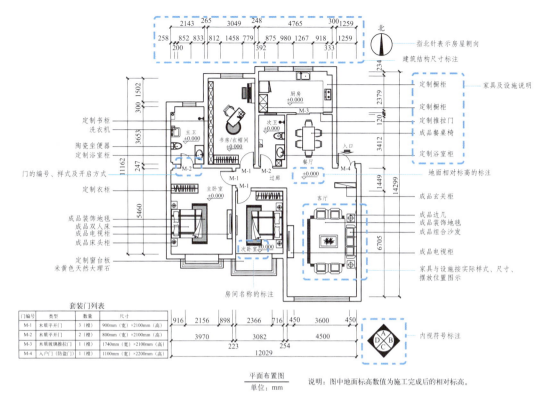

图 4-1-3 装饰施工平面布置图表达内容图示（扫底封二维码查看高清大图）

⑤ 平面表示图例的画法很多，应以形拟物，必要时可对图例加以文字说明。

⑥ 被剖切的断面轮廓线（主要指墙、柱），通常用粗实线表示。钢筋混凝土的墙、柱断面也可用涂黑来表示，以示区别。

⑦ 未被剖切图的轮廓线，主要指楼地面、窗台、家电、家具陈设、卫生设备、厨房设备等的轮廓线，可用中实线表示。

⑧ 纵横定位轴线可画也可不画，根据实际需求而定。

⑨ 平面图上的尺寸标注一般分布在图形的内外。凡上下、左右对称的平面图，外部尺寸只标注在图形的下方与左侧。不对称的平面图，就要根据具体情况而定，有时甚至图形的四周都要标注尺寸。

尺寸分为总尺寸、定位尺寸、细部尺寸三种。总尺寸是建筑物的外轮廓尺寸，是若干定位尺寸之和。定位尺寸是指建筑物构配件如墙体、门窗洞口、洁具等，相对于轴线或其他构配件，用以确定位置的尺寸。细部尺寸是指建筑物构配件的详细尺寸。

平面图上的标高，首先要确定底层平面上起主要参照作用的地面为零点标高，用 ±0.000 来表示。其他水平高度则为其相对标高，低于零点标高者在标高数字前加"-"号，高于零点标高者直接标注标高数字。标高数字要标注到小数点后的第三位。

所有尺寸线和标高符号都用细实线表示。线性尺寸以毫米为单位，标高数字以米为单位。

房屋建筑室内装饰装修材料的图例画法应符合现行国家标准《房屋建筑制图统一标

准》(GB/T 50001—2017)、《房屋建筑室内装饰装修制图标准》(JGJ/T 244—2011) 的规定。

【训练与检测】

某别墅书房装饰施工平面布置图的识读与绘制

（一）任务内容

根据某别墅书房装饰设计效果图（图4-1-4），识读书房装饰施工平面布置图（图4-1-5），绘制书房装饰施工平面布置图。

任务要求如下。

① 能较好地理解三维空间与二维平面的对应关系。

② 能正确识读装饰施工平面布置图的图纸信息，看懂装饰施工平面布置图的图示内容。

③ 掌握绘制装饰施工平面布置图的图示方法。

④ 掌握绘制装饰施工平面布置图的制图规范。

⑤ 能够根据设计方案熟练使用手工制图工具或CAD制图软件抄绘装饰施工平面布置图。

图4-1-4　某别墅书房装饰设计效果图（扫底封二维码查看高清大图）

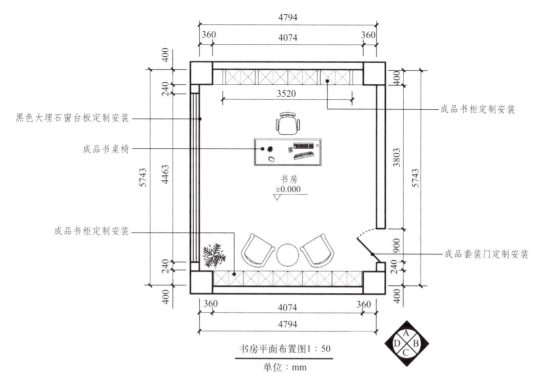

图 4-1-5　某别墅书房装饰施工平面布置图（扫底封二维码查看高清大图）

（二）指导与解析

1. 识图训练指导与解析

① 装饰施工平面布置图决定室内空间的功能及流线布局，是天花设计、墙面设计的基本依据和条件。准确识读装饰施工平面布置图是后续装饰施工图识读与绘制的基础。

② 识读主体结构位置及平面布局情况。观察门窗洞的位置、门的开启方向，分析平面图的布局，了解各个房间或区域的功能划分，如起居室、厨房、卧室等。确保布局合理，满足使用者的实际需求。如图 4-1-5 所示，书房门洞口宽度为 900mm，向内开启，书房内窗的宽度为 4463mm。

③ 识读家具、陈设、绿化等配套装饰小品的布置。确保空间利用高效且符合人体工学原理。如图 4-1-5 所示，书房内置成品书柜定制两组，成品书桌椅一组，会客桌椅一组，绿植一组。空间陈设有序，行走动线、活动空间布局合理。

④ 识读文字标注或说明。了解装饰材料的类型、规格、颜色等要求。确保所选材料符合设计要求，且施工工艺能够满足质量标准。

⑤ 识读尺寸标注、标高标注。详细识读图纸中的尺寸标注，特别是主体结构尺寸、房间分隔尺寸以及关键装饰元素的尺寸。确保这些尺寸准确无误，以便后续设计和施工。

如图 4-1-5 所示，书房开间尺寸为 5743mm，进深尺寸为 4794mm，两位置成品定制柜柜体宽度分别为 4074mm 和 3520mm，厚度均为 400mm。书房地面标高为±0.000m。

⑥ 识读详图索引、内视符号及剖切符号等。平面布置图通常不是孤立的设计图纸，在识读过程中，要注意与其他图纸的对应关系，确保整体设计图纸的一致性和完整性。

如图 4-1-5 所示，书房平面布置图中内视符号的含义为，以书房中心为视点位置，由"四面内视符号"表达 A、B、C、D 四个视线方向。由于内视符号指向立面图总数较少，且内视符号中未标注索引详图号，因此可对照内视符号所在空间位置及视向方向查找立面图图名，即书房内视符号对应立面图图名为"书房 A 立面图""书房 B 立面图""书房 C 立面图""书房 D 立面图"。

2. 绘图训练指导与解析

步骤 1. 定图幅、选比例。选比例即确定比例尺，装饰施工平面布置图选用的比例一般比建筑平面图大，通常采用 1∶40、1∶50、1∶60、1∶80、1∶100、1∶200 等。绘图比例的选择通常需要根据画幅大小来确定，以有利于看清图样内容和信息为原则。

步骤 2. 在户型原始平面图的基础上，根据设计方案绘制、布置家具、设备等物品。需要注意的是，绘制和布置家具陈设、设备等物品时，应以家具、设备的实际尺寸及人体工程学对空间的尺寸要求为依据，如图 4-1-6 所示。

步骤 3. 标注尺寸，如家具、隔断、装饰造型等的定形尺寸和定位尺寸，如图 4-1-7 所示。

步骤 4. 绘制内视符号、索引符号，注写文字说明、图名、绘图单位、比例等。若图纸中的尺寸标注很详细，则可以不用注写比例，因为在预算、施工环节可以依据标注的详细尺寸开展工作，无须在图上量取数值再换算比例尺寸，如图 4-1-8 所示。

步骤 5. 检查无误后进行区分图线，完成绘图。

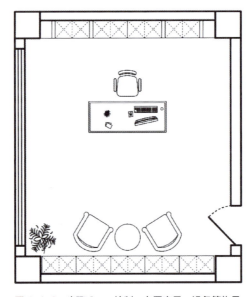

图 4-1-6　步骤 2——绘制、布置家具、设备等物品

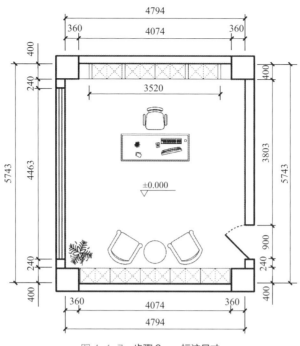

图 4-1-7 步骤 3——标注尺寸

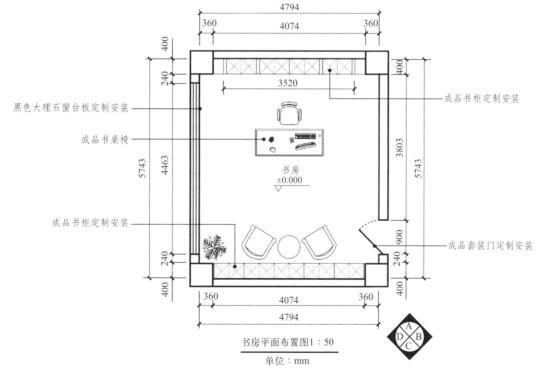

图 4-1-8 步骤 4——绘制内视符号、索引符号，注写文字说明、图名、绘图单位

【拓展学习与检测】

某住宅装饰施工平面布置图的识读与绘制

1. 任务内容

本任务以某住宅装饰装修项目为例（见本模块任务六中的案例图纸），对照设计方案识读装饰施工平面布置图，并使用 CAD 软件抄绘装饰施工平面布置图。

2. 任务要求

① 能较好地理解三维空间与二维平面的对应关系。
② 能正确识读装饰施工平面布置图的图纸信息，看懂装饰施工平面布置图的图示内容。
③ 掌握绘制装饰施工平面布置图的图示方法。
④ 掌握绘制装饰施工平面布置图的制图规范。
⑤ 能够根据设计方案，熟练使用手工制图工具或 CAD 制图软件抄绘装饰施工平面布置图。

装饰施工地面铺装图的识读与绘制

教学目标

* 了解装饰施工地面铺装图的形成和用途。
* 掌握装饰施工地面铺装图的图示内容及图示方法。
* 能读懂装饰施工地面铺装图，并能依据制图标准绘制装饰施工地面铺装图。

教学重点

* 装饰施工地面铺装图的图示内容。
* 装饰施工地面铺装图的图示方法。
* 装饰施工地面铺装图的识读要点及绘制步骤。

【任务引入】

根据建筑制图标准及装饰施工平面图图示内容和方法的相关知识，准确识读住宅装饰施工地面铺装图；并选择合适的绘图比例和图幅，依据建筑制图规范要求绘制图纸。

【专业知识学习】

一、装饰施工地面铺装图的形成和用途

同装饰施工平面布置图的形成一样，假想用一个平行于地面的剖切面将建筑物剖切后，移去剖切面上面的部分，对剩下的部分自上而下作水平正投影图，即得到装饰施工地面铺装图。

装饰施工地面铺装图是用于表达楼地面铺装形式、铺装选材等装修情况的平面图纸。与装饰施工平面布置图不同的是，装饰施工地面铺装图不需要画出活动家具及绿化等布置，只画出地面铺装面层材料的形式、尺寸、颜色、规格、地面标高等，表明室内地面的装饰情况，如图 4-2-1 所示。

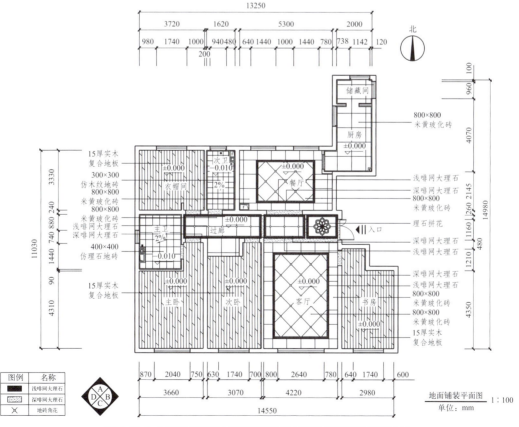

图 4-2-1 某住宅装饰施工地面铺装图（扫底封二维码查看高清大图）

当地面装饰做法非常简单时，不必绘制装饰施工地面铺装图，在装饰施工平面布置图上对地面铺装进行标注即可。当地面装饰做法比较复杂，既有多种材料运用，又有多变的形式组合时，则需要单独绘制装饰施工地面铺装图。

二、装饰施工地面铺装图的图示内容

装饰施工地面铺装图是表示地面装饰做法的图样，主要用于表达地面铺装形式，地面高差变化与标高，地面铺装材料的名称、规格、拼花样式，有特殊要求的工艺做法，以及地面设备布置等内容。

装饰施工地面铺装图表达的主要内容如下。

① 标注图纸名称、比例、绘图单位。

② 画出建筑主体结构（如墙、柱、台阶、楼梯、门窗等）的平面布置、具体形状，以及各种房间的位置和功能等。

③ 画出各房间地面的铺装形式、拼花样式，材料不同时用图例区分。

④ 尺寸标注。一是标注建筑结构体的尺寸，二是标注铺装规格尺寸。

⑤ 文字说明。在地面装饰的相应位置引出文字说明，说明地面装饰材料的名称、规格、颜色和装修工艺要求等必要的文字。

⑥ 标高。地面有高差变化的，需标注标高。

⑦ 若涉及细部做法，则应在相应位置准确标注细部构造节点索引符号。图4-2-2为装饰施工地面铺装图表达内容图示说明。

三、装饰施工地面铺装图的图示方法

装饰施工地面铺装图不仅是施工的依据，同时也是地面材料采购的参考图样。因此，绘制装饰施工地面铺装图需要详细、准确地表达出地面装饰造型样式、装饰材料使用情况和工艺要求，不能漏项，不能表达不清楚，要做到"所见即所得"。

① 对于地面铺装瓷砖、大理石，需要用细实线按计划使用的实际材料规格画出块材的分格，以表示铺装样式。例如，根据设计意向，客厅计划铺贴800mm×800mm规格的地砖，在装饰施工地面铺装图上客厅位置就应用细实线画出800mm×800mm的分格。需注意的是，整块砖的铺装从何处开始要依据设计方案准确表达，确定起铺点、起铺边要从设计和施工两方面综合考虑，选择合适的位置。一般情况下，非整砖应安排在较隐蔽的位置。

② 地面装饰如设计有波导线、图案拼花，应根据设计意向如实表达，必要时可绘制更为详细、精确的地面拼花图（图4-2-3）。

③ 对于地面铺装木地板，可以用细实线按计划使用的实际材料规格、铺装样式画出地板分格，也可以用图案填充（计算机辅助绘图方式）表示。无论采用哪种方式，均需准确表示出铺贴样式和材料规格，例如，错缝拼、人字拼、鱼骨拼、十字拼等（图4-2-4）。画地板图案时需注意，要准确表达出地板的铺贴方向，如顺光线铺、顺长边铺等。

④ 在地面铺装图中，除用地面分格线来表示各功能空间铺贴样式外，还需通过文字标

模块四 装饰施工图的识读与绘制 | 175

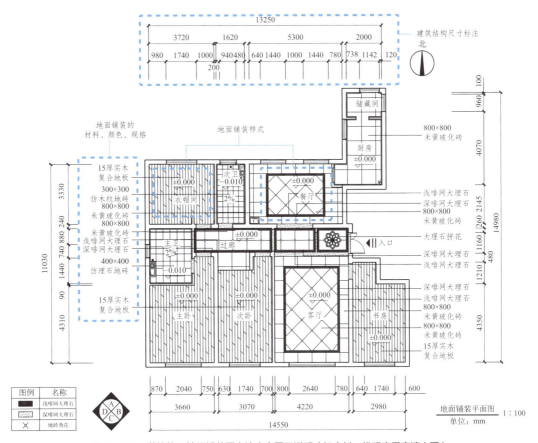

图 4-2-2 装饰施工地面铺装图表达内容图示说明（扫底封二维码查看高清大图）

（a）地面石材拼花平面图（整体）

图 4-2-3

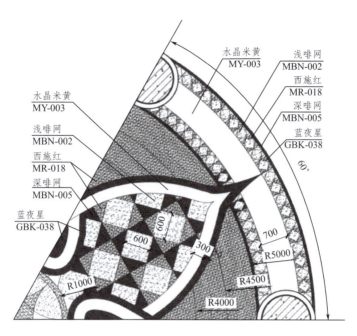

(b) 地面石材拼花平面图（局部）

图 4-2-3　地面石材拼花平面图示例

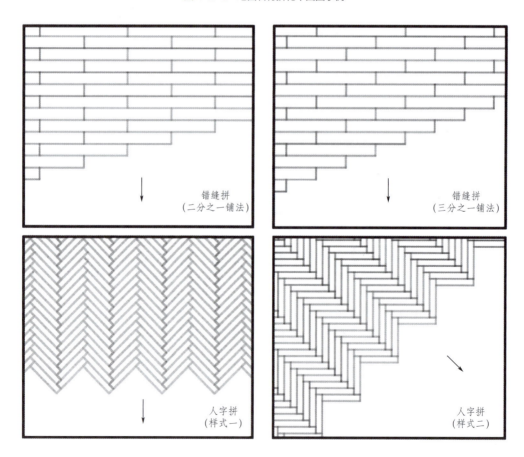

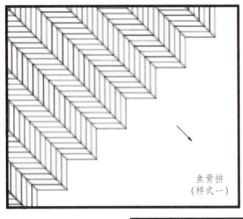
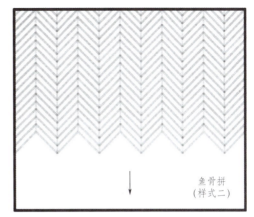
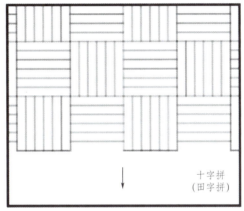

图 4-2-4　木地板常见拼接样式

注表现地面铺装材料名称、规格等信息。文字标注依照材料种类的多少及图面布置需求选择在原位标注（图 4-2-5），或做引出标注（图 4-2-6）。

⑤ 如果地面做法复杂，使用了多种材料，可在引出标注时不注写具体材料名称及规格，用通用材料代表符号表示，同时把图中使用的材料通过列表加以说明（图 4-2-7），该表格一般绘制在图纸的右下角，材料较多时，可另附材料表。材料列表中需体现材料代表符号、材料名称、材料规格、材料使用区域及用途等信息。

⑥ 绘制地面铺装图时，在不重复标注、不漏项的情况下，尽量让图纸看起来简洁，一目了然。这样做的好处是让图面更加干净整洁，便于识图。

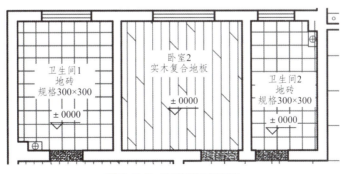

图 4-2-5　地面铺装原位标注

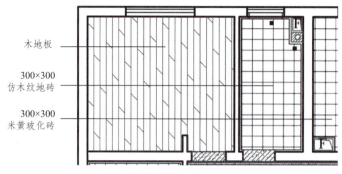

图 4-2-6 地面铺装引出标注

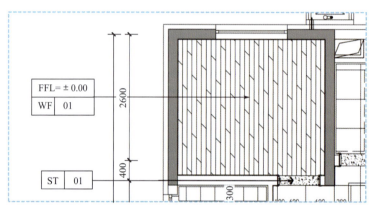

材料编号	材料名称	规格型号/mm	使用部位
WF 01	实木复合地板	1200×150	大面积卧室地面
ST 01	天然大理石过门石	10~12厚	过门石

图 4-2-7 地面铺装材料的列表标注

【任务训练】

某住宅书房装饰施工地面铺装图的识读

（一）任务内容

根据某住宅书房装饰设计效果图（图 4-2-8）、书房平面布置图（图 4-2-9），识读书房装饰施工地面铺装图（图 4-2-10），绘制书房装饰施工地面铺装图。

具体要求如下。

① 能较好地理解三维空间与二维图纸的对应关系。

② 能正确识读装饰施工地面铺装图的图纸信息，看懂装饰施工地面铺装图的图示内容。

③ 掌握绘制装饰施工地面铺装图的图示方法。
④ 掌握绘制装饰施工地面铺装图的制图规范。
⑤ 能够根据设计方案熟练使用手工制图工具或 CAD 软件抄绘装饰施工地面铺装图。

图 4-2-8　某住宅书房装饰设计效果图（扫底封二维码查看高清大图）

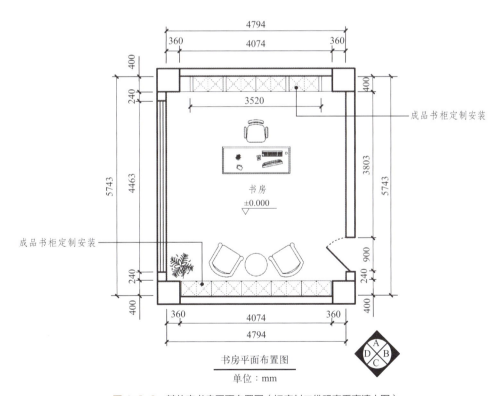

图 4-2-9　某住宅书房平面布置图（扫底封二维码查看高清大图）

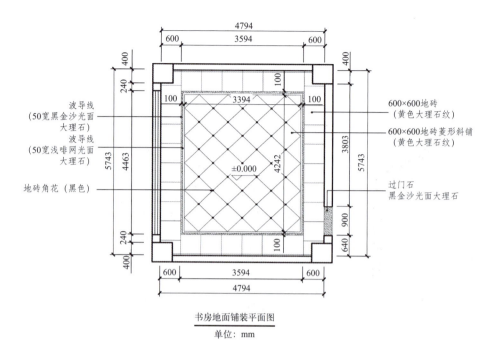

图 4-2-10 某住宅书房装饰施工地面铺装图（扫底封二维码查看高清大图）

（二）指导与解析

1. 识图训练指导与解析

① 在识读装饰施工地面铺装图前，应先通过平面布置图了解房间平面布置的基本情况，了解空间布局及功能分区，如图 4-2-9 所示。

② 识读地面铺装的平面形状与位置，结合平面布置图中标注的房间名称和功能，了解地面的分区划分及不同区域的装饰要求，如图 4-2-10 所示。

③ 识读地面铺装的材料规格与铺式。识别地面铺装材料种类、规格、颜色等信息，了解材料的铺贴方式和构造分格线，如瓷砖的横铺、竖铺、工字形铺贴、人字形铺贴等。合理估算不同材料的用量，避免材料浪费，确保装修工程顺利进行。

如图 4-2-10 所示，书房主要活动区域采用"600×600 黄色大理石纹地砖"菱形斜铺，"黑色地砖角花"作点缀；书房四周为"600×600 黄色大理石纹地砖"对缝铺贴；交接处分别以"50 宽黑金沙光面大理石""50 宽浅咖网光面大理石"作波导线。

④ 识读地面铺装的标高及索引。识读不同区域地面标高，保证铺装后的地面平整度，以及各分区之间的合理衔接。注意收口索引的标注，了解地面与其他装饰部位的收口、拼接等细部构造要求。如图 4-2-10 所示，书房地面铺装标高为 ±0.000m。

⑤ 识读固定家具的位置和尺寸，了解固定家具与地面铺装的关系，明确固定家具下是否需要铺贴地面材料，以及过门石或嵌条的设置。如图 4-2-9 所示，书房 A、C 两立面分别布置"成品定制书柜"。根据图 4-2-10，成品书柜下需正常铺贴地面材料，过门石采用"黑金沙光面大理石"。

2. 绘图训练指导与解析

步骤 1. 简化处理平面布置图。调入或复制平面布置图，删除平面布置图上的家具、陈设、设备、绿化等图例，如图 4-2-11 所示。

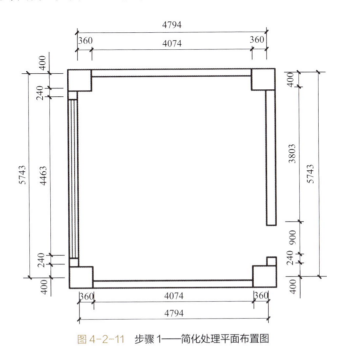

图 4-2-11　步骤 1——简化处理平面布置图

步骤 2. 绘制地面铺装样式。需要注意的是，一定要按照设计方案的实际及准确的尺寸绘制，如图 4-2-12 所示。

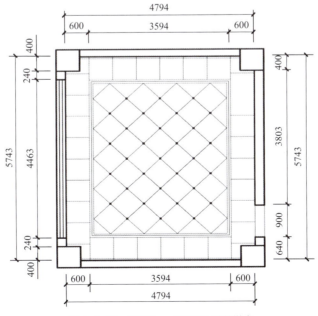

图 4-2-12　步骤 2——绘制地面铺装样式

步骤 3. 选择合适的图案，绘制或填充不同地面材质。需要注意的是，填充图案要选择那些与真实地面材质相近的图案，填充图案要有一定的缩放比例，可试着调试，直到图面效果与真实的地材尺寸相符为止。如地砖的规格尺寸一般是 300mm×300mm、600mm×600mm 或者 800mm×800mm，如果在图上画成 100mm×100mm 就是不合理、不规范的，如图 4-2-13 所示。

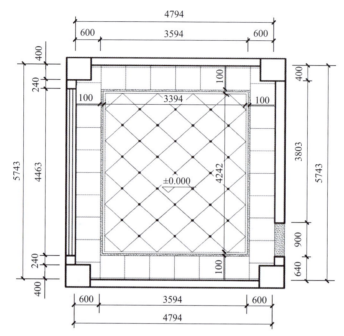

图 4-2-13　步骤 3、步骤 4——填充地面铺装图案，标注尺寸

步骤 4. 对地面铺装样式标注详细尺寸，同时标注地面标高，如图 4-2-13 所示。

步骤 5. 注写文字说明、图名、比例、绘图单位等信息，检查无误后设置图线的线型、线宽，完成绘图。

【拓展学习与检测】

某住宅装饰施工地面铺装图的绘制

1. 任务内容

本任务以某住宅装饰装修项目为例（见本模块任务六中的案例图纸），对照设计方案平面布置图识读装饰施工地面铺装平面图，并使用 CAD 软件抄绘装饰施工地面铺装平面图。

2. 任务要求

① 能较好地理解三维空间与二维图纸的对应关系。
② 能正确识读装饰施工地面铺装图及相关联图纸的图纸信息，看懂图示内容。

③ 掌握绘制装饰施工地面铺装图的图示方法。
④ 掌握绘制装饰施工地面铺装图的制图规范。
⑤ 能够熟练使用手工制图工具或 CAD 制图软件抄绘装饰施工地面铺装图。

任务三　装饰施工顶棚平面图的识读与绘制

教学目标

* 了解装饰施工顶棚平面图的形成和用途。
* 掌握装饰施工顶棚平面图的图示内容及图示方法。
* 能读懂装饰施工顶棚平面图，并能依据制图标准绘制装饰施工顶棚平面图。

教学重点

* 装饰施工顶棚平面图的图示内容。
* 装饰施工顶棚平面图的图示方法。
* 装饰施工顶棚平面图的识读要点及绘制步骤。

【任务引入】

根据建筑制图标准及装饰施工平面图图示内容及方法的相关知识，准确识读住宅装饰施工顶棚平面布置图、装饰施工顶棚尺寸定位图、装饰施工顶棚灯位布置图；并选择合适的比例和图幅，按照建筑制图规范要求绘制图纸。

【专业知识学习】

一、装饰施工顶棚平面图的形成和用途

用假想水平剖切面从窗台上方把房屋剖开，移去下面的部分，然后向顶棚方向做正投影，即形成顶棚平面图。顶棚平面图也可称为天花（天棚）平面图或吊顶平面图。

装饰施工顶棚平面图的主要用途是表明顶棚装饰的平面形式、尺寸和材料，以及灯具

和其他各种室内顶部设施的位置和大小。装饰施工顶棚平面图的作用在于提供一个详细的设计参考，帮助施工人员理解和实现设计师的设计意图，确保设计意向得以准确实现。

如果顶棚的设计比较复杂，需要表达的内容较多，是很难在一张图纸上表达详细、准确的，为了解决阅图的需求，也常常将装饰施工顶棚平面图细分为各种分部分项图，如装饰施工顶棚平面布置图（图4-3-1）、装饰施工顶棚尺寸定位图（图4-3-2）、装饰施工顶棚灯位布置图（图4-3-3）等。当设计较简易时，视具体情况可将上述某几项内容合并在同一张顶棚平面图上表达。

二、装饰施工顶棚平面图的图示内容

装饰施工顶棚平面图是装饰施工图中的重要组成部分，它应详细展示顶棚的装饰设计，包括其平面形式、尺寸和所使用的材料。此外，装饰施工顶棚平面图还需包含灯具和其他各种室内顶部设施的位置和大小等信息。这些信息对于施工和装修过程中的细节把握至关重要。

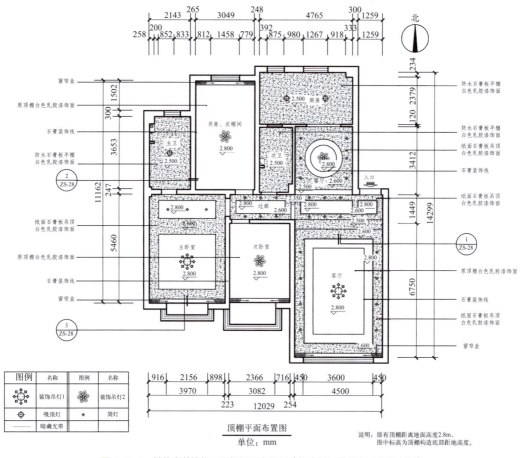

图4-3-1 某住宅装饰施工顶棚平面布置图（扫底封二维码查看高清大图）

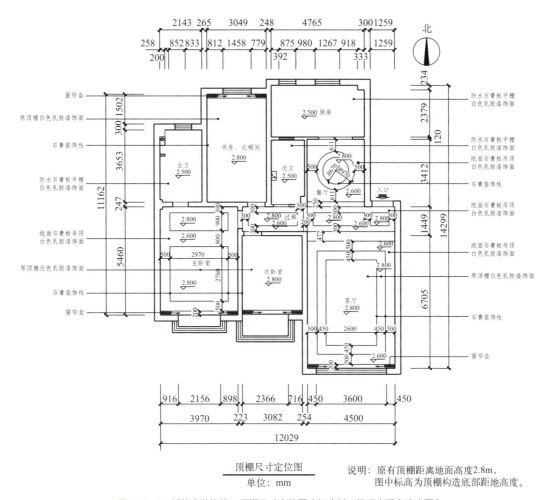

图 4-3-2　某住宅装饰施工顶棚尺寸定位图（扫底封二维码查看高清大图）

（一）装饰施工顶棚平面图表达的主要内容

① 表明墙柱和门窗洞口的位置，画出墙柱断面和门窗洞口以后，仍要标注轴线尺寸和总尺寸。洞口尺寸和洞间墙尺寸不必标出，这些尺寸可对照装饰施工平面布置图阅读。定位轴线和编号也不必全部标出，只在平面图四角部分标出，能确定它与装饰平面图的对应位置即可。装饰施工顶棚平面图一般不图示门扇及其开启方向线，只图示门窗过梁底面。

② 表明顶棚装饰造型的平面形式和尺寸，并通过附加文字说明其所用材料、色彩及工艺要求。顶棚的跌级变化应结合造型平面分区用标高来表示，所注标高是顶棚各构件底部距离地面的高度。

③ 表明顶部灯具的种类、式样、规格、数量及布置形式和安装位置。顶棚平面图上的小型灯具按比例用一个细实线圆表示，大型灯具可按比例画出它的正投影外形轮廓，力求简明概括，并附加文字说明。

④ 表明空调风口、顶部消防与音响设备等设施的布置形式与安装位置。

⑤ 表明墙体顶部有关装饰配件（如窗帘盒、窗帘等）的形式与位置。
⑥ 表明顶棚剖面构造详图的剖切位置及剖面构造详图的所在位置，如图 4-3-1～图 4-3-3 所示。

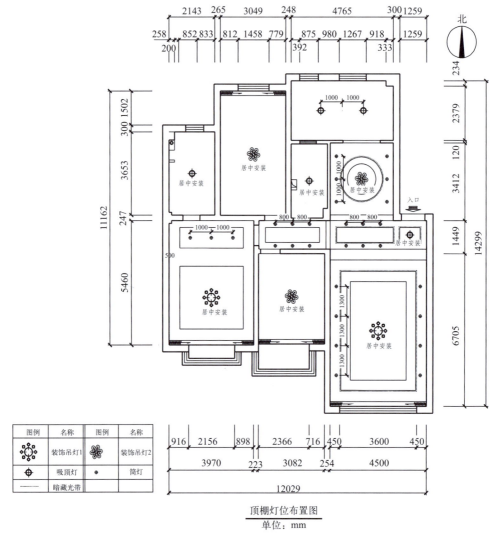

图 4-3-3　某住宅装饰施工顶棚灯位布置图（扫底封二维码查看高清大图）

（二）装饰施工顶棚平面图的细分及各自的图示重点

1. 装饰施工顶棚平面布置图的图示重点

装饰施工顶棚平面布置图主要用以表明顶棚的平面形状、平面尺寸、标高；安装在顶棚上的灯具类型、数量、规格、位置；吊顶材料、装饰做法和工艺要求等文字简要说明；安装在顶棚上的空调风口、排气扇、消防设施等设备设施的数量、规格、位置；顶棚剖面构造详图的所在位置（节点详图索引），如图 4-3-4 所示。

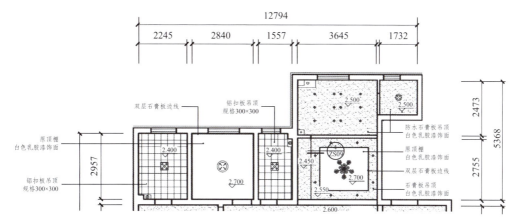

图 4-3-4　装饰施工顶棚平面布置图（局部）的图示内容及图示重点展示（扫底封二维码查看高清大图）

2. 装饰施工顶棚尺寸定位图的图示重点

装饰施工顶棚尺寸定位图是用以专门表明顶棚造型尺寸定位的图纸，通过对吊顶样式的平面尺寸（长、宽）和吊顶高度尺寸（跌级变化标高）做详细标注，以便于工程量计算，便于依据尺寸进行放线、施工，如图 4-3-5 所示。

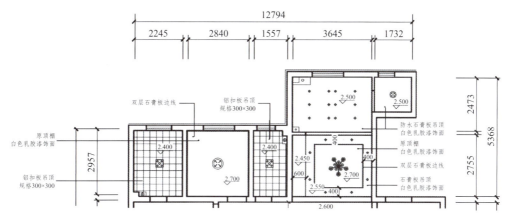

图 4-3-5　装饰施工顶棚尺寸定位图（局部）的图示内容及图示重点展示（扫底封二维码查看高清大图）

3. 装饰施工顶棚灯位布置图的图示重点

装饰施工顶棚灯位布置图专门用以图示顶棚灯具的定位，通过对灯具安装位置做详细的尺寸标注，以便于施工时能对灯具做准确放线定位及安装。需要注意的是，标注灯具定位尺寸时，要从灯具的中心位置标注，切勿以图中灯具的外边界位置作为起点标注，因为图中的灯具图例仅为示例，尺寸大小不准确，与实物存在较大的差异，以灯具的外边界位置作为起点标注会造成较大的误差，如图 4-3-6 所示。

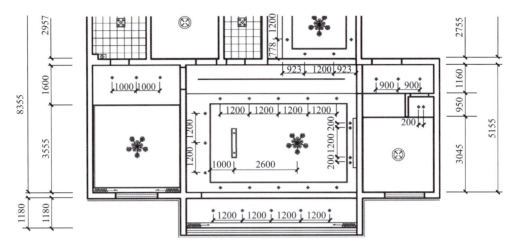

图 4-3-6　装饰施工顶棚灯位布置图（局部）的图示内容及图示重点展示（扫底封二维码查看高清大图）

三、装饰施工顶棚平面图的图示方法

（1）线型与线宽

装饰施工顶棚平面图中的墙、柱轮廓线用粗实线表示，天花造型用中实线表示，其余投影线及各类设备等用细实线表示。注意，吊顶暗藏灯带一般用细虚线表示。

（2）详图索引符号标注

装饰施工顶棚平面图中应用的符号有索引符号、剖切符号、标高符号、材料索引符号等。索引符号是为了清晰地表示顶棚平面图中的某个局部或构配件而注明的详图编号，看图时可以查找相互有关的图纸，对照阅读，便可一目了然。常用索引及详图符号的表示方法如表 4-3-1 所示。

（3）尺寸标注

装饰施工顶棚平面图尺寸标注是对顶棚造型的尺度进行详细注解，是装饰施工的重要依据，尺寸标注应详尽、准确，内层尺寸表示灯具安装距离和造型的尺寸，外层大尺寸表示顶棚造型之间的距离。顶棚平面图上的标高表示该造型到地面的距离。

（4）文字注写

装饰施工顶棚平面图中的文字标注主要起解释说明的作用，如"轻钢龙骨纸面石膏板吊顶，乳胶漆饰面"就是对顶棚施工做法的一种简易表达方式。当顶棚平面图需标注文字较多时，也可在引出标注时不注写具体材料名称，而用材料代表符号表示，同时把图中使用过的材料用列表的方式加以说明。

（5）灯具及机电图例的应用

灯具及机电表示符号，在室内设计制图中尚未有统一的国家标准，可参考《房屋建筑室内装饰装修制图标准》（JGJ/T 244—2011）的规定，结合实际情况、设计习惯、单位设计标准等自行调整。

表 4-3-1　索引及详图符号（示例）

名称	符号		说明
详图的索引符号	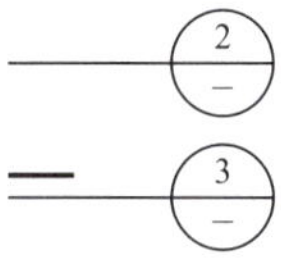 	详图的编号 详图在本张图纸上 局部剖面详图的编号 剖面详图在本张图纸上	详图在本张图纸上
	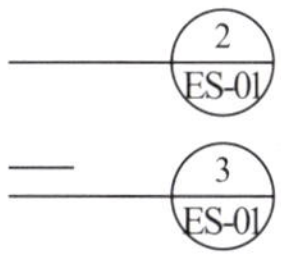 	详图的编号 详图所在图纸的编号 局部剖面详图的编号 剖面详图所在图纸的编号	详图不在本张图纸上
	J102 	标准图集的编号 标准详图的编号 详图所在图纸的编号	详图参照标准图集内做法
详图编号		详图的编号	详图与被索引的图样在同一张图纸上
	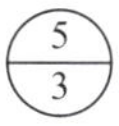 	详图的编号 被索引图纸的编号	详图与被索引的图样不在同一张图纸上

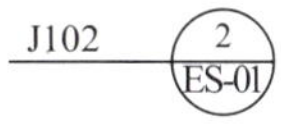

【任务训练】

某住宅书房装饰施工顶棚平面图的识读与绘制

（一）任务内容

根据某住宅书房装饰设计效果图（图 4-3-7）、书房装饰施工平面布置图（图 4-3-8），识读书房装饰施工顶棚平面图（图 4-3-9 ～图 4-3-11），绘制书房装饰施工顶棚平面图。

具体要求如下。

① 能较好地理解三维空间与二维平面的对应关系。

② 能正确识读顶棚平面及相关联图纸的图纸信息，看懂顶棚平面图的图示内容。

③ 掌握绘制装饰施工顶棚平面布置图、装饰施工顶棚尺寸定位图、装饰施工顶棚灯位布置图的图示方法。

④ 掌握绘制装饰施工顶棚平面布置图、装饰施工顶棚尺寸定位图、装饰施工顶棚灯位布置图的制图规范。

⑤ 能够根据设计方案熟练使用手工制图工具或 CAD 制图软件抄绘装饰施工顶棚平面布置图、装饰施工顶棚尺寸定位图、装饰施工顶棚灯位布置图。

图 4-3-7　某住宅书房装饰设计效果图（扫底封二维码查看高清大图）

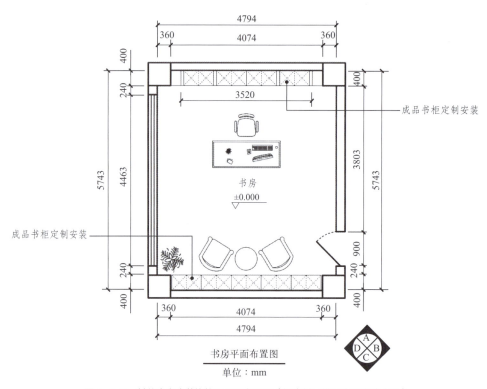

书房平面布置图
单位：mm

图 4-3-8　某住宅书房装饰施工平面布置图（扫底封二维码查看高清大图）

模块四 装饰施工图的识读与绘制 | 191

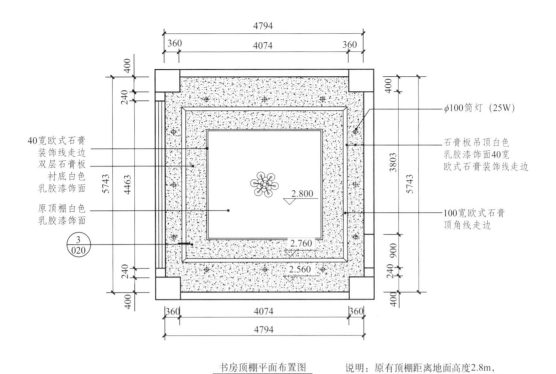

图 4-3-9　某住宅书房装饰施工顶棚平面布置图（扫底封二维码查看高清大图）

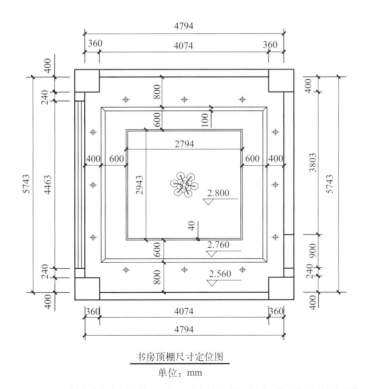

图 4-3-10　某住宅书房装饰施工顶棚尺寸定位图（扫底封二维码查看高清大图）

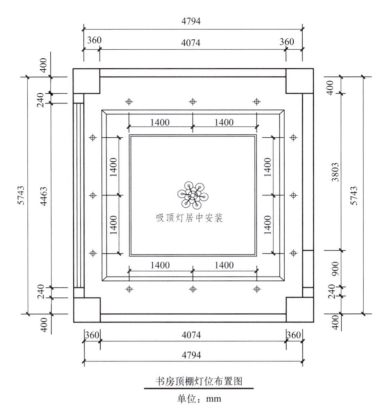

图 4-3-11　某住宅书房装饰施工顶棚灯位布置图（扫底封二维码查看高清大图）

（二）指导与解析

1. 识图训练指导与解析

① 在识读装饰施工顶棚平面图前，应先通过装饰施工平面布置图了解房间平面布置的基本情况，了解空间的布局、房间建筑构件的平面尺寸大小，如图 4-3-8 所示。

② 识读装饰施工顶棚平面布置图。装饰施工顶棚平面布置图主要表现顶棚平面形状、平面尺寸、标高，吊顶材料、装饰做法、工艺要求，空调风口、排气扇以及消防设施等信息。如图 4-3-9 所示，书房采用纸面石膏板吊顶，白色乳胶漆饰面，顶棚做矩形吊边，中心区域无吊顶，原顶棚做白色乳胶漆饰面，各级吊顶边缘安装石膏顶角线做走边处理。

③ 识读装饰施工顶棚尺寸定位图。通过顶棚各个部位标注的尺寸数据，了解顶棚造型的制作尺寸；通过标高数值了解顶棚高度的变化，如图 4-3-10 所示。

④ 识读装饰施工顶棚灯位布置图。主要表现安装在顶棚上的灯具类型、数量、规格以及准确的安装位置等信息。如图 4-3-11 所示，灯具数量可通过图纸上图示的数量查询。同时，根据灯具中心位置的定位尺寸标注，可准确了解各灯具的安装定位。

2. 绘图训练指导与解析

步骤1.在装饰施工平面布置图的框架基础上绘制顶棚平面造型样式,如图4-3-12所示。制图时,各个顶棚部位的细部尺寸可参见装饰施工顶棚尺寸定位图(图4-3-10)。

步骤2.添加灯具图例,将灯具图例插入到装饰施工顶棚平面布置图中的准确位置,如图4-3-13所示。需注意:定位要精准,定位尺寸可参见装饰施工顶棚灯位布置图(图4-3-11)。

步骤3.可对吊顶部位填充图案,以区别吊顶部位和原始顶棚部位,如图4-3-14所示。

步骤4.注写说明文字、标注平面尺寸、标注标高、注写图名等,完成装饰施工顶棚平面布置图的绘制。

步骤5.在装饰施工顶棚平面布置图的基础上,添加顶棚造型尺寸定位标注,对吊顶样式的平面尺寸(长、宽)做详细标注,对吊顶高度尺寸(跌级变化标高)做详细标注。最后注写图名,完成装饰施工顶棚尺寸定位图。

步骤6.在装饰施工顶棚平面布置图的基础上,删除文字标注,删除顶棚造型尺寸定位标注、标高标注,对灯具安装位置做详细尺寸标注。注意:标注灯具定位尺寸时,要从灯具的中心位置标注,且勿以图中灯具的外边界位置作为起点标注。最后对平面图中的灯具图例注写文字说明和图名,完成装饰施工顶棚灯位布置图。

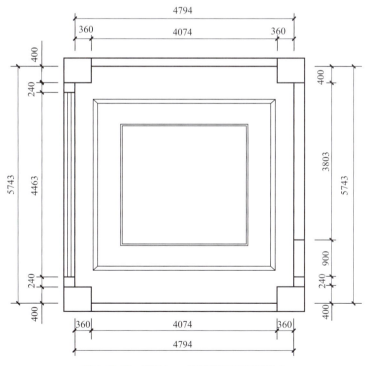

图4-3-12　步骤1——绘制顶棚平面造型样式

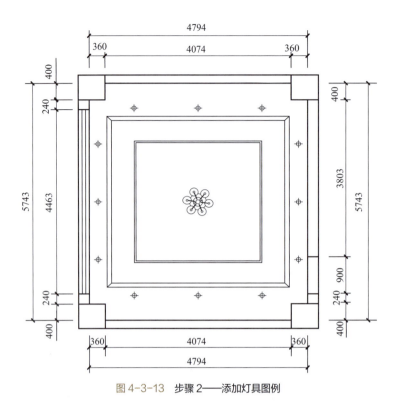

图 4-3-13 步骤 2——添加灯具图例

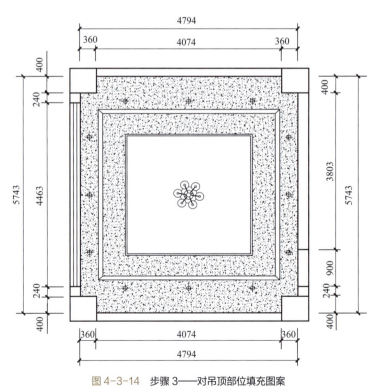

图 4-3-14 步骤 3——对吊顶部位填充图案

【拓展学习与检测】

某住宅装饰施工顶棚平面图的识读与绘制

1. 任务内容

本任务以某住宅装饰装修项目为例（见本模块任务六中的案例图纸），根据装饰设计方案、装饰施工平面布置图，识读、绘制装饰施工顶棚平面图。

2. 任务要求

① 能较好地理解三维空间与二维图纸的对应关系。

② 能正确识读装饰施工顶棚平面图及相关联图纸的信息，能看懂装饰施工顶棚平面图的图示内容。

③ 掌握绘制装饰施工顶棚平面布置图、装饰施工顶棚尺寸定位图、装饰施工顶棚灯位布置图的图示方法。

④ 掌握绘制装饰施工顶棚平面布置图、装饰施工顶棚尺寸定位图、装饰施工顶棚灯位布置图的制图规范。

⑤ 能够熟练使用手工制图工具或 CAD 制图软件抄绘装饰施工顶棚平面布置图、装饰施工顶棚尺寸定位图、装饰施工顶棚灯位布置图。

任务四　装饰施工立面图的识读与绘制

教学目标

* 了解装饰施工立面图的形成和用途。
* 掌握装饰施工立面图的图示内容及图示方法。
* 能读懂装饰施工顶棚立面图，并能依据制图标准绘制装饰施工立面图。

教学重点

* 装饰施工立面图的图示内容。

＊装饰施工立面图的图示方法。
＊装饰施工立面图的识读要点及绘制步骤。

【任务引入】

根据建筑制图标准及装饰施工立面图图示内容和方法的相关知识，准确识读住宅装饰施工立面图；并选择合适的比例和图幅，按照建筑制图规范要求绘制图纸。

【专业知识学习】

一、装饰施工立面图的形成和用途

装饰施工立面图是平行于室内各方向垂直界面的正投影图，主要表达室内墙柱面装饰的形状与高度、门窗的形状与高度、墙柱面的装修做法及所用材料等。剖切线上的物体（一般为墙体、天花、楼板），可画出其内表面，省略剖面，也可根据需要画出楼板、梁体、墙体、吊顶的剖面。

装饰施工立面图作为室内装饰施工的指导图样，应该选取室内设计中最复杂、最精彩、最有代表性的界面，将其装修做法，包括材料、工艺、造型、尺寸等标注翔实，对于结构复杂或标注不清楚的装修细部，可加注详图索引符号，在详图中另作图样。

装饰施工立面图一般是以投影方向命名的，其投影方向编号应与平面布置图上的内视符号一致，如"客厅A立面图""卧室B立面图"等；装饰施工立面图的命名方法还可以用房间东、西、南、北立面坐落方向命名，如"主卧室南立面图"；也可以用房间主要立面装饰构件的名称命名，如"客厅电视背景墙立面图"。

二、装饰施工立面图的图示内容

装饰施工立面图是内墙面装饰装修施工和墙面装饰物布置的主要依据。其主要表达的内容如下。

① 建筑主体结构以及门窗、墙裙、踢脚线、窗帘盒、窗帘、壁挂装饰物、灯具、装饰线等主要轮廓及材料图例。
② 墙柱面装修造型的样式及饰面材料的名称、图案、规格、施工工艺等。
③ 立面造型尺寸的标注，顶棚面距地面的标高，各种饰物及其他设备的定位尺寸标注。
④ 固定家具在墙面中的位置、立面形式和主要尺寸。
⑤ 节点详图，索引或剖面、断面等符号，比例及文字说明（图4-4-1、图4-4-2）。

三、装饰施工立面图的图示方法

装饰施工立面图应准确表达出墙面的结构和造型，以及墙体和顶面、地面的关系，表达出相应的宽度和高度尺寸等。

① 线型与线宽。立面图中最外轮廓线用粗实线绘制，装修构造的轮廓线用中实线绘制，装饰陈设品、材料和质地图案填充宜用细实线绘制。

② 详图索引符号标注。立面图中应用的符号有索引符号、剖切符号、标高符号、材料索引符号等。索引符号是为了清晰地表示立面图中的某个局部或构配件而注明的详图编号，便于查找相互有关的图纸。

③ 尺寸标注。装饰施工立面图要对立面可见的装饰构造标注纵向尺寸、横向尺寸和标高，尺寸标注要详尽、准确。

④ 文字注写。对装饰施工立面图注写必要的文字说明，需要对立面可见的装饰构造详细注明材料名称、规格、色彩、工艺做法等（图4-4-1、图4-4-2）。

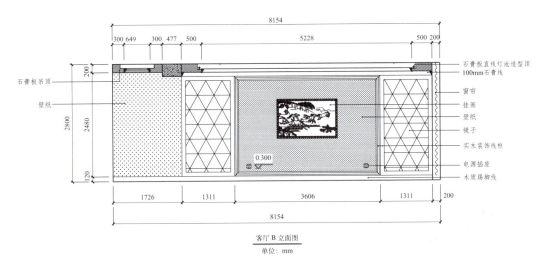

图 4-4-1　某住宅客厅装饰施工立面图一（扫底封二维码查看高清大图）

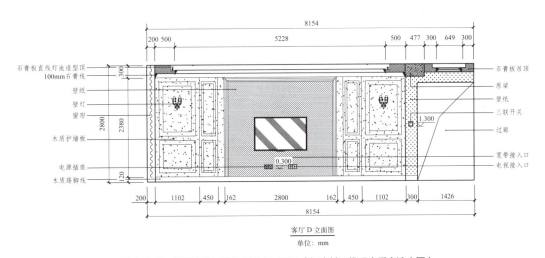

图 4-4-2　某住宅客厅装饰施工立面图二（扫底封二维码查看高清大图）

【任务训练】

某住宅书房装饰施工立面图的识读与绘制

（一）任务内容

根据某住宅书房装饰设计效果图（图 4-4-3）、书房装饰施工平面布置图（图 4-4-4）、书房装饰施工顶棚平面图（图 4-4-5～图 4-4-7），识读书房装饰施工立面图（图 4-4-8～图 4-4-11），绘制书房装饰施工立面图。

具体要求如下。

① 能较好地理解三维空间与二维平面的对应关系。

② 能正确识读装饰施工立面图及相关联图纸的图纸信息，看懂装饰施工立面图的图示内容。

③ 掌握绘制装饰施工立面图的图示方法。

④ 掌握绘制装饰施工立面图的制图规范。

⑤ 能够根据设计方案熟练使用手工制图工具或 CAD 制图软件抄绘装饰施工立面图。

图 4-4-3　某住宅书房装饰设计效果图（扫底封二维码查看高清大图）

模块四 装饰施工图的识读与绘制 | 199

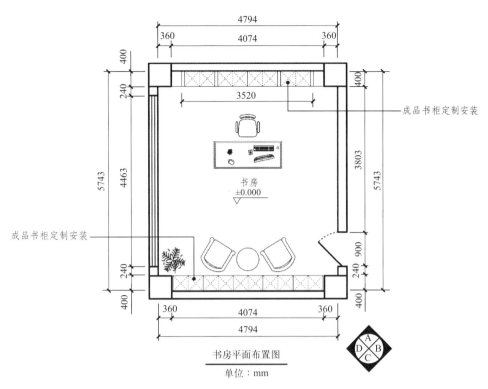

图 4-4-4 某住宅书房装饰施工平面布置图（扫底封二维码查看高清大图）

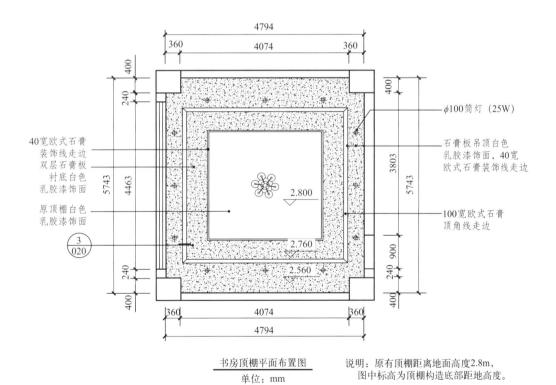

说明：原有顶棚距离地面高度2.8m，图中标高为顶棚构造底部距地高度。

图 4-4-5 某住宅书房装饰施工顶棚平面布置图（扫底封二维码查看高清大图）

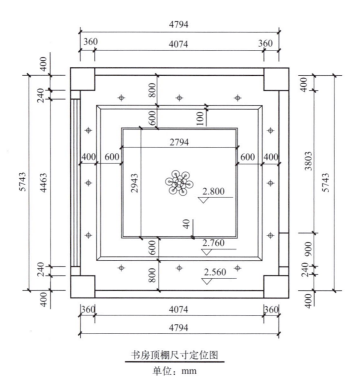

书房顶棚尺寸定位图
单位：mm

图 4-4-6　某住宅书房装饰施工顶棚尺寸定位图（扫底封二维码查看高清大图）

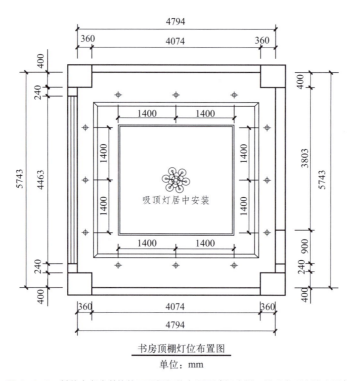

书房顶棚灯位布置图
单位：mm

图 4-4-7　某住宅书房装饰施工顶棚灯位布置图（扫底封二维码查看高清大图）

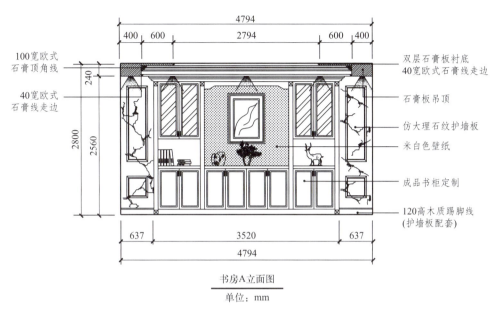

书房A立面图
单位：mm

图 4-4-8　某住宅书房 A 装饰施工立面图（扫底封二维码查看高清大图）

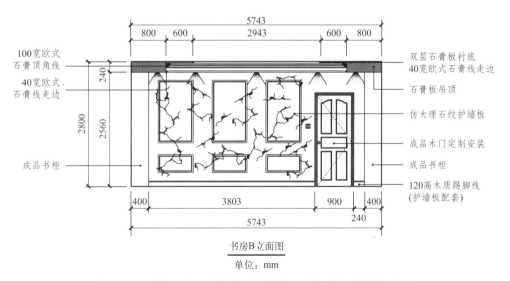

书房B立面图
单位：mm

图 4-4-9　某住宅书房 B 装饰施工立面图（扫底封二维码查看高清大图）

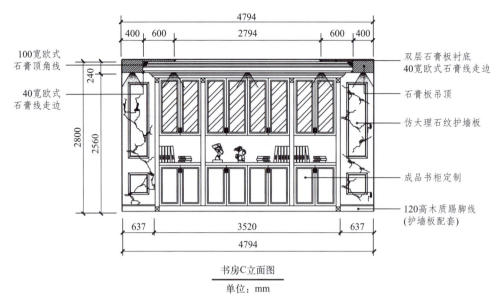

图 4-4-10 某住宅书房 C 装饰施工立面图（扫底封二维码查看高清大图）

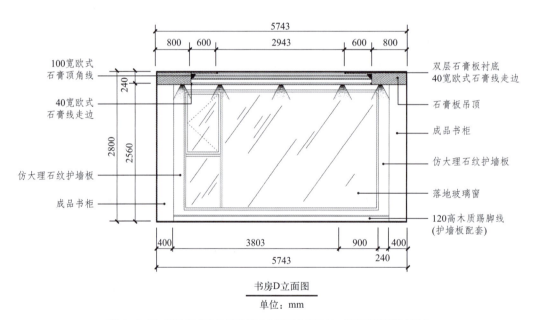

图 4-4-11 某住宅书房 D 装饰施工立面图（扫底封二维码查看高清大图）

（二）指导与解析

1. 识图训练指导与解析

① 在识读装饰施工立面图前，通过装饰施工平面布置图了解房间平面布置的基本情况，根据不同分区所标注的内视符号，找到各立面图对应的视图方向，如图 4-4-4 所示；通过装饰施工顶棚平面布置图、装饰施工顶棚尺寸定位图、装饰施工顶棚灯位布置图了解顶

棚装饰做法、高度（标高）变化、灯具类型及位置等信息，如图 4-4-5～图 4-4-7 所示。

② 识读吊顶、地面标高与尺寸。识读建筑楼层底面高度（标高）、吊顶天棚高度（标高），了解吊顶顶面跌级造型间的相互关系和尺寸，以及墙面与吊顶、墙面与地面等部位的衔接收口方式。

如图 4-4-8 书房 A 装饰施工立面图所示，书房顶板底标高为 2.800m，书房天棚四周为宽 400mm 的石膏板吊顶，吊顶底标高为 2.560m，石膏板吊顶以"40mm 宽欧式石膏线走边""100mm 宽欧式石膏顶角线"作装饰；墙面与地面相接处为"120mm 高木质踢脚线"。

③ 识读墙面装饰造型与门窗、设备等安装位置。了解墙面装饰造型样式，门窗安装尺寸以及墙面上安装设备（如插座、开关等）或预留孔洞的位置尺寸、规格尺寸等信息。

如图 4-4-8～图 4-4-11 所示，书房墙面装饰造型以规则式矩形为主，图中可见木门及开关、灯具等设备的安装位置。

④ 识读墙面装饰材料与工艺要求。通过图纸上的文字说明或符号，了解墙面装饰材料的种类、颜色、纹理等，明确装饰材料的施工工艺要求，确保装饰效果符合预期。

以图 4-4-8 书房 A 装饰施工立面图为例，书房 A 立面装饰材料包括米白色壁纸、仿大理石护墙板，并有定制成品书柜，陈列摆件、绿植、书籍等。

2. 绘图训练指导与解析

绘制装饰施工立面图时应按照从大轮廓到细部装饰的顺序逐步绘制。

步骤 1. 绘制立面大轮廓框架。根据装饰施工平面布置图、装饰施工顶棚平面图中的相关尺寸数据，绘制立面大轮廓框架，如图 4-4-12 所示。

步骤 2. 绘制立面装饰造型。根据设计方案，结合施工技术、装饰材料属性绘制立面装饰造型，根据需要适当添加装饰品、灯具、家电设备、开关插座面板等细节元素，如图 4-4-13 所示。

步骤 3. 对不同的装饰材料，通过填充不同的图案，以做区别，如图 4-4-14 所示。
步骤 4. 标注尺寸，添加文字说明，注写图名，完成绘图。

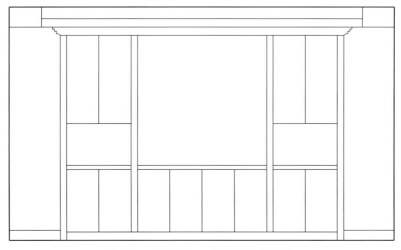

图 4-4-12　步骤 1——绘制立面大轮廓框架

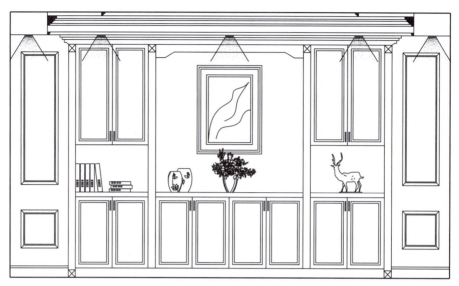

图 4-4-13 步骤 2——绘制立面装饰造型

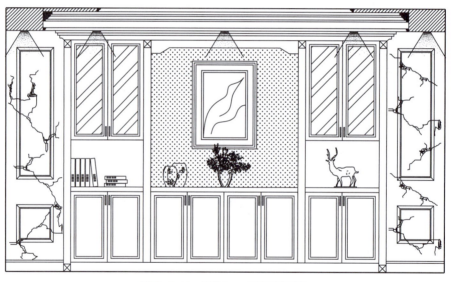

图 4-4-14 步骤 3——填充装饰图案

【拓展学习与检测】

某住宅装饰施工立面图的识读与绘制

1. 任务内容

本任务以某住宅装饰装修项目为例（见本模块任务六中的案例图纸），根据装饰设计方案、装饰施工平面布置图、装饰施工顶棚平面图及相关联的图纸，识读、绘制装饰施工立面图。

2. 任务要求

① 能较好地理解三维空间与二维图纸的对应关系。
② 能正确识读装饰施工立面图及相关联图纸的图纸信息，看懂图示内容。
③ 掌握绘制装饰施工立面图的图示方法。
④ 掌握绘制装饰施工立面图的制图规范。
⑤ 能够熟练使用手工制图工具或 CAD 制图软件抄绘装饰施工立面图。

任务五 装饰施工详图的识读与绘制

教学目标

* 了解装饰施工详图的形成、用途及分类。
* 掌握装饰施工详图的图示内容及图示方法。
* 能读懂装饰施工详图，并能依据制图标准绘制装饰施工详图。

教学重点

* 装饰施工详图的图示内容。
* 装饰施工详图的图示方法。
* 装饰施工详图的识读要点及绘制步骤。

【任务引入】

根据建筑制图标准、装饰施工详图图示内容及方法的相关知识，准确识读住宅装饰施工详图；并选择合适的比例和图幅，按照建筑制图规范要求绘制图纸。

【专业知识学习】

一、装饰施工详图的形成、用途及分类

（一）装饰施工详图的用途

由于装饰施工的工艺要求较细、较精，在装饰施工平面图和装饰施工立面图中有一些

装饰装修的细部做法无法表达清楚，因此需要用装饰施工详图来表示。

（二）装饰施工详图的形成

装饰施工详图通常以剖面图或局部节点大样图来表达。剖面图是将装饰面整个剖切或局部剖切，以表达它的内部构造和装饰面与建筑结构相互关系的图样；节点大样是将在平面图、立面图和剖面图中未表达清楚的部分，用大比例绘制的图样。

（三）装饰施工详图的分类

1. 墙（柱）面装饰详图

主要用来表示在内墙立面图中无法表现的各造型的厚度、定形定位尺寸，各装饰构件与墙体结构之间详细的连接与固定方式，各不同面层的收口工艺做法等，如图 4-5-1、图 4-5-2 所示。

墙（柱）面装饰详图主要用来表示在内墙立面图中无法表现的各造型的厚度、定形定位尺寸，各装饰构件与墙体结构之间详细的连接与固定方式，各不同面层的收口工艺做法等。

2. 顶棚装饰详图

顶棚装饰详图是主要用于表达吊顶的跌级造型各层次标高、外形尺寸、定位尺寸、构造做法的平面图、剖面图或断面图。有时为了便于读图，顶棚装饰详图可以与顶棚平面图按照投影关系以相同比例布置在同一张图纸内，也可以用较大比例绘制，如图 4-5-3 所示。

3. 楼地面装饰详图

楼地面装饰详图主要反映地面铺装的艺术造型及细部做法等内容，如图 4-5-4～图 4-5-7 所示。

4. 其他装饰详图

另外，装饰施工详图还包括装饰造型详图、家具详图、装饰门窗及门窗套详图、小品及饰物详图等。

① 装饰造型详图。独立的或依附于墙柱的装饰造型，如影视墙、花台、屏风、壁龛、栏杆造型等的平面图、立面图、剖面图及线脚详图。

② 家具详图。主要指需要现场制作、加工、油漆的固定式家具，如衣柜、书柜、储藏柜等，有时也包括可移动家具，如床、书桌、展示台等。

③ 装饰门窗及门窗套详图。门窗是装饰工程中的主要施工内容之一，其图样有门窗及门窗套立面图、剖面图和节点详图。

④ 小品及饰物详图。小品、饰物详图包括雕塑、水景、指示牌、织物等的制作图。

模块四 装饰施工图的识读与绘制 | 207

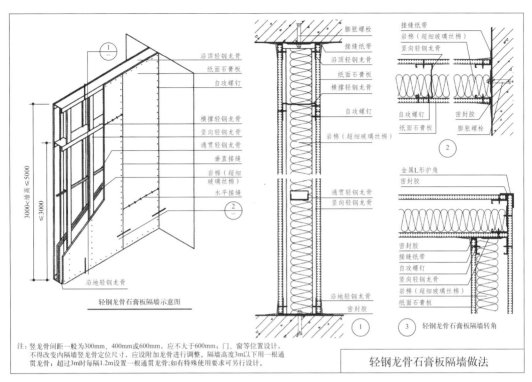

图 4-5-1　轻钢龙骨石膏板隔墙做法详图（扫底封二维码查看高清大图）

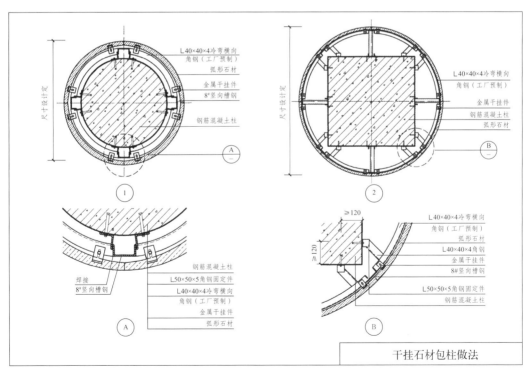

图 4-5-2　干挂石材包柱做法详图（扫底封二维码查看高清大图）

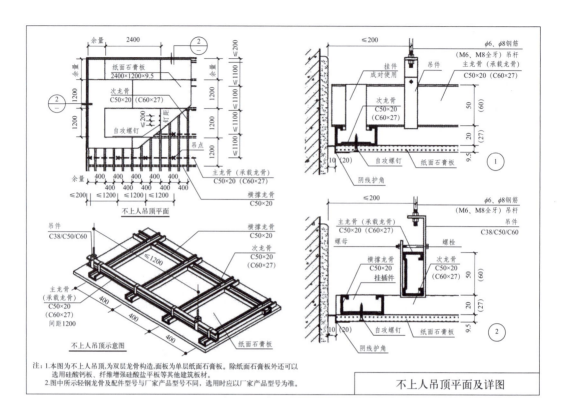

图 4-5-3　不上人轻钢龙骨石膏板吊顶做法详图（扫底封二维码查看高清大图）

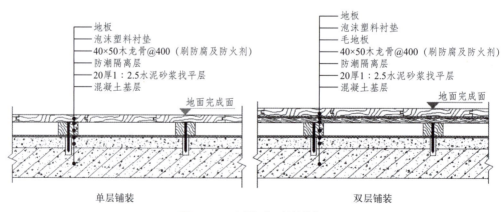

图 4-5-4　木地板龙骨铺装节点图

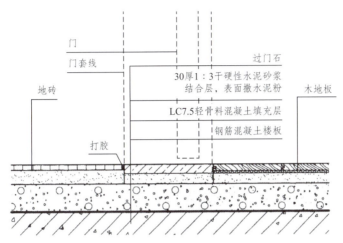

图 4-5-5　无水房间过门石构造详图（地砖—过门石—木地板）

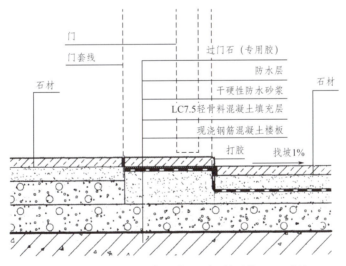

图 4-5-6　有水房间过门石构造详图（石材—过门石—石材）

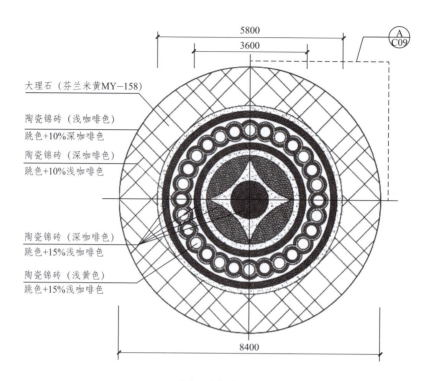

（a）陶瓷锦砖铺装图案平面详图

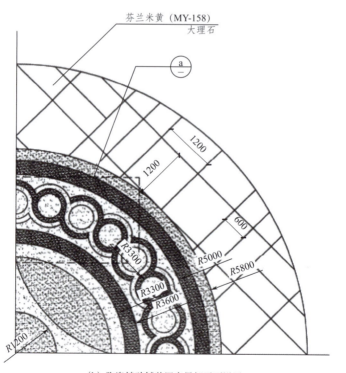

（b）陶瓷锦砖铺装图案局部平面详图

图 4-5-7　陶瓷锦砖铺装图案详图

二、装饰施工详图的图示内容

因为装饰施工详图所表达的对象不同，所以详图的图示内容也会有变化。装饰施工详图一般包括以下图示内容。

① 建筑的剖面基本结构和剖切空间的基本形状，并标注所需建筑主体结构的有关尺寸和标高。

② 装饰结构的剖面形状、构造形式、材料组成及固定与支承构件的相互关系。

③ 装饰结构与建筑主体结构之间的衔接尺寸与连接方式。

④ 剖切空间内可见实物的形状、大小与位置。

⑤ 装饰结构和装饰面上的设备安装方式或固定方法。

⑥ 某些装饰构件、配件的尺寸、工艺做法与施工要求，另有详图的可概括表明。

⑦ 节点详图和构配件详图的所示部位与详图所在位置。

⑧ 如果是建筑内部某一装饰空间的剖面图，还要表明剖切空间内与剖切平面平行的墙面装饰形式、装饰尺寸、饰面材料及工艺要求。

⑨ 图名、比例、详图编号和被剖切墙体的定位轴线等，以便与平面图和立面图对照阅读。

装饰施工详图的图示内容如图 4-5-1～图 4-5-7 所示。

三、装饰施工详图的图示方法

① 装修完成面的轮廓线应为实线，材料或内部形体的外轮廓线为中实线，材质填充为细实线；在剖面详图中，被剖到的结构线用粗实线表示，未剖到的但又可见的结构线用中实线表示，装饰线用细实线表示。

② 装饰施工详图的线型、线宽选用与建筑详图相同，当绘制较简单的详图时，可采用线宽比为 b 和 $0.25b$ 的两种线宽组。

③ 装饰施工详图所用比例视图形自身的繁简程度而定，一般采用 1∶1、1∶2、1∶5、1∶10、1∶20、1∶25、1∶30、1∶50 等比例。

④ 应标明详图名称、比例，在相应的室内平面图、顶棚图、立面图中标明索引符号，如图 4-5-2 所示；尺寸标注与文字标注应尽量详尽。

⑤ 房屋建筑室内装饰装修材料的图例画法应符合现行国家标准《房屋建筑制图统一标准》（GB/T 50001—2017）、《房屋建筑室内装饰装修制图标准》（JGJ/T 244—2011）的规定。常用绘图图例可参照本书附录。

某酒柜装饰施工详图的图示方法如图 4-5-8 所示。

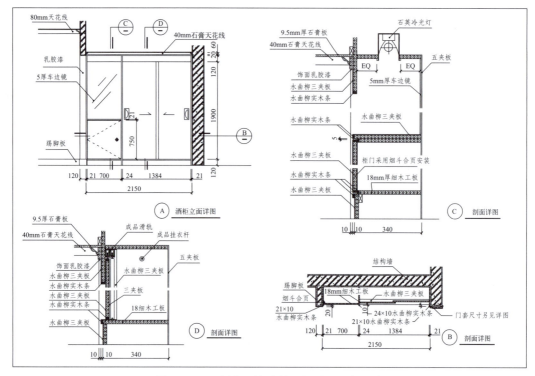

图 4-5-8　酒柜详图（扫底封二维码查看高清大图）

【任务训练】

某住宅书房顶棚装饰施工详图的识读与绘制

（一）任务内容

根据某住宅书房装饰施工顶棚平面图（图 4-5-9、图 4-5-10），识读、绘制书房顶棚装饰施工剖面详图（图 4-5-11）。

要求如下。

① 能较好地理解三维空间与二维平面的对应关系。

② 能正确识读装饰施工详图及相关联图纸的图纸信息，看懂装饰施工详图的图示内容。

③ 掌握绘制装饰施工详图的图示方法。

④ 掌握绘制装饰施工详图的制图规范。

⑤ 能够根据设计方案熟练使用手工制图工具或 CAD 制图软件抄绘装饰施工详图。

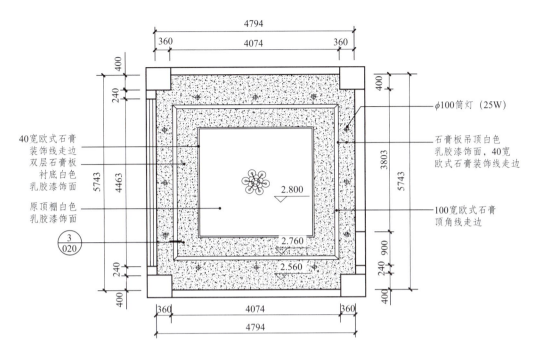

书房顶棚平面布置图
单位：mm

说明：原有顶棚距离地面高度2.8m，图中标高为顶棚构造底部距地高度。

图 4-5-9　某住宅书房装饰施工顶棚平面布置图（扫底封二维码查看高清大图）

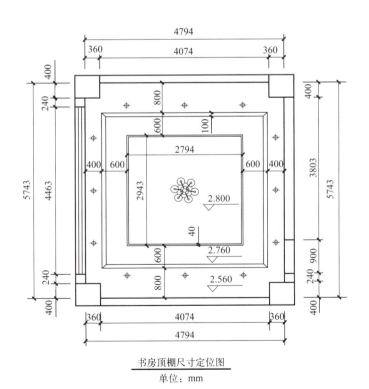

书房顶棚尺寸定位图
单位：mm

图 4-5-10　某住宅书房装饰施工顶棚尺寸定位图（扫底封二维码查看高清大图）

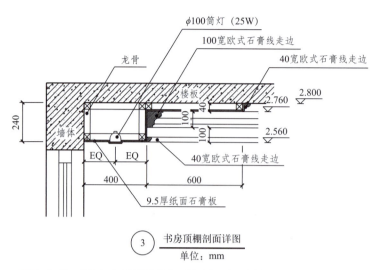

图 4-5-11 某住宅书房顶棚装饰施工剖面详图（扫底封二维码查看高清大图）

（二）指导与解析

1. 识图训练指导与解析

绘制装饰施工详图应结合装饰施工平面图和装饰施工立面图，按照详图符号和索引符号来确定装饰施工详图在全套图纸中所在的位置，通过读图应明确装饰形式、用料、做法、尺寸等内容。

① 图名：根据图 4-5-9 中的详图索引符号可知，吊顶详图为"3"号详图，在图纸编号"020"中，图 4-5-11 的图名标写为"书房顶棚剖面详图"。

② 比例：图中没标注比例，因此切勿以比例量度此图，一切应依图示数据为准。

③ 表达的主要内容：根据图 4-5-9～图 4-5-11 所示，靠窗户一侧的顶棚吊顶宽度为 400mm，该部位吊顶底部标高为 2.56m；天棚原顶区域板底采用白色乳胶漆饰面。吊顶位置天棚以木龙骨为骨架，9.5mm 厚石膏板为吊顶基层，外刷白色乳胶漆饰面，筒灯居中线位置安装；顶棚装饰上，一共在 3 处位置使用了石膏装饰线走边，宽度有 100mm 和 40mm 两种。

④ 结合顶棚平面图及剖面详图的识读，可知顶棚跌级变化的造型样式。

2. 绘图训练指导与解析

步骤 1. 根据书房装饰施工顶棚平面图中的数据，绘制出墙面、顶棚面轮廓线，绘制出书房顶棚构造跌级层次变化的轮廓（图 4-5-12）。

步骤 2. 绘制龙骨、石膏板基层、石膏装饰线以及筒灯（图 4-5-13）。

步骤 3. 加深、加粗图线。剖切的建筑结构体轮廓用粗实线，装饰构造层次用中实线，材料图例线及引线等用细实线；给剖面部位填充图案，以示区分（图 4-5-14）。

步骤 4. 标注尺寸，主要标注构造尺寸、跌级变化尺寸；注写文字说明（图 4-5-15）。

步骤 5. 注写图名、单位，完成绘图。

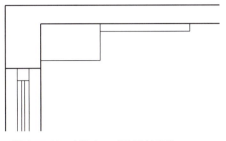
图 4-5-12 步骤 1——绘制外轮廓线

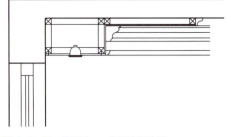
图 4-5-13 步骤 2——绘制细部构造

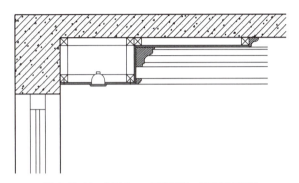
图 4-5-14 步骤 3——区分图线、填充剖面图案

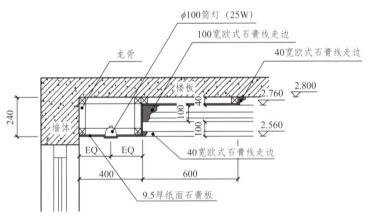
图 4-5-15 步骤 4——标注尺寸、注写文字说明

【拓展学习与检测】

某住宅装饰施工详图的识读与绘制

1. 任务内容

本任务以某住宅装饰装修项目为例（见本模块任务六中的案例图纸），根据装饰设计方案、平面图、立面图，识读、绘制装饰施工详图。

2. 任务要求

① 能较好地理解三维空间与二维图纸的对应关系。
② 能正确识读装饰施工详图及相关联图纸的图纸信息,看懂图示内容。
③ 掌握绘制装饰施工详图的图示方法。
④ 掌握绘制装饰施工详图的制图规范。
⑤ 能够熟练使用手工制图工具或 CAD 制图软件抄绘装饰施工详图。

任务六 住宅装饰施工图识读与绘制综合训练

一、训练任务

1. 任务内容

以某小区 B 户型住宅室内装饰设计为例,根据设计方案提供的装饰效果图和施工图,识读、绘制装饰施工平面图、立面图和详图。

2. 任务要求

① 通过效果图与施工图的对照阅读,能较好地理解三维空间与二维图纸的对应关系。
② 通过平面图、立面图和详图配合阅读,准确识读各类装饰施工图与相关联图纸的图示内容和信息。
③ 掌握绘制装饰施工图的图示方法。
④ 掌握绘制装饰施工图的制图规范。
⑤ 能够熟练使用手工制图工具或 CAD 制图软件抄绘装饰施工图。

二、装饰效果图

图 4-6-1 ~图 4-6-22 为装饰效果图,包括玄关、客厅、餐厅、书房、卧室、衣帽间、厨房、卫生间等。

图 4-6-1　玄关效果图

图 4-6-2　客厅效果图 1

图 4-6-3　客厅效果图 2

图 4-6-4　客厅效果图 3

图 4-6-5　客厅效果图 4

图 4-6-6　餐厅效果图 1

图 4-6-7　餐厅效果图 2

图 4-6-8　书房效果图 1

图 4-6-9　书房效果图 2

图 4-6-10　主卧室效果图 1

图 4-6-11　主卧室效果图 2

图 4-6-12　次卧室效果图 1

图 4-6-13　次卧室效果图 2

图 4-6-14　衣帽间效果图 1

图 4-6-15　衣帽间效果图 2

图 4-6-16　厨房效果图 1

图 4-6-17　厨房效果图 2

图 4-6-18　主卫生间效果图 1

图 4-6-19　主卫生间效果图 2

图 4-6-20　主卫生间效果图 3

图 4-6-21　次卫生间效果图 1

图 4-6-22　次卫生间效果图 2

三、装饰施工图

图 4-6-23 ～图 4-6-50 为一套比较完整的装饰施工图。

序号	图纸编号	图纸名称	序号	图纸编号	图纸名称
1	ZS-001	户型原始平面图	22	ZS-022	主卧室A向立面图/主卧室C向立面图
2	ZS-002	墙体尺寸定位图	23	ZS-023	主卧室B向立面图
3	ZS-003	平面布置图	24	ZS-024	主卧室D向立面图
4	ZS-004	地面铺装平面图	25	ZS-025	次卧室A向立面图/次卧室C向立面图
5	ZS-005	顶棚平面布置图	26	ZS-026	次卧室B向立面图
6	ZS-006	顶棚尺寸定位图	27	ZS-027	次卧室D向立面图
7	ZS-007	顶棚灯位布置图	28	ZS-028	衣帽间A向立面图/衣帽间B向立面图
8	ZS-008	强弱电点位布置图	29	ZS-029	衣帽间C向立面图/衣帽间D向立面图
9	ZS-009	给排水点位布置图	30	ZS-030	厨房A向立面图/厨房B向立面图
10	ZS-010	玄关A向立面图/玄关B向立面图	31	ZS-031	厨房C向立面图/厨房D向立面图
11	ZS-011	客厅B向立面图	32	ZS-032	储藏间A向立面图/储藏间B向立面图
12	ZS-012	玄关D向立面图/客厅C向立面图	33	ZS-033	储藏间C向立面图/储藏间D向立面图
13	ZS-013	客厅D向立面图	34	ZS-034	主卫生间A向立面图/主卫生间B向立面图
14	ZS-014	过廊A向立面图	35	ZS-035	主卫生间C向立面图/主卫生间D向立面图
15	ZS-015	过廊B向立面图/过廊C向立面图	36	ZS-036	次卫生间A向立面图/次卫生间B向立面图
16	ZS-016	过廊D向立面图/餐厅A向立面图	37	ZS-037	次卫生间C向立面图/次卫生间D向立面图
17	ZS-017	餐厅C向立面图	38	ZS-038	Ⓐ、Ⓑ、Ⓒ、Ⓓ 剖面详图
18	ZS-018	餐厅B向立面图/餐厅D向立面图	39	ZS-039	Ⓔ、Ⓕ、Ⓖ 剖面详图
19	ZS-019	书房A向立面图/书房C向立面图	40	ZS-040	Ⓗ、Ⓙ、Ⓚ、Ⓛ 剖面及大样图
20	ZS-020	书房B向立面图	41	ZS-041	墙砖阳角大样图/地砖铺装大样图
21	ZS-021	书房D向立面图			

图 4-6-23　施工图图纸目录（扫底封二维码查看高清大图）

注：由于篇幅限制，后文未展示全部图纸

模块四 装饰施工图的识读与绘制 | 221

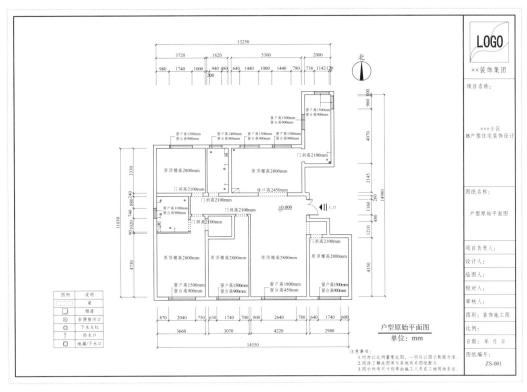

图 4-6-24 户型原始平面图（扫底封二维码查看高清大图）

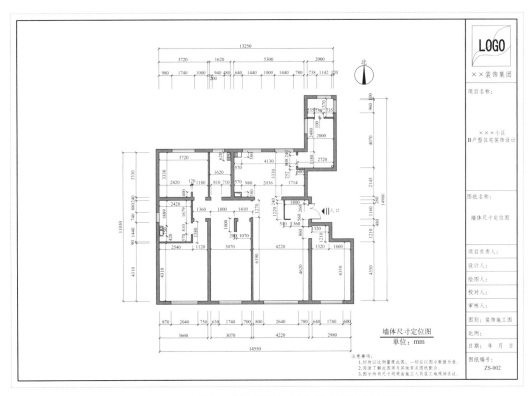

图 4-6-25 墙体尺寸定位图（扫底封二维码查看高清大图）

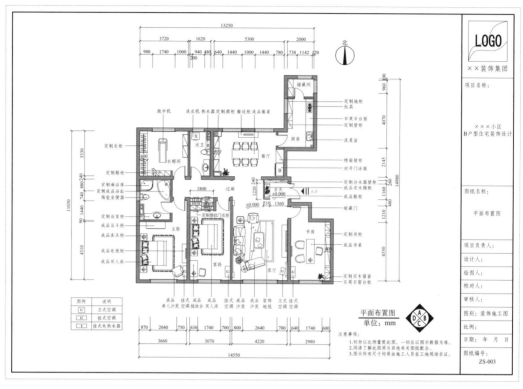

图 4-6-26 平面布置图（扫底封二维码查看高清大图）

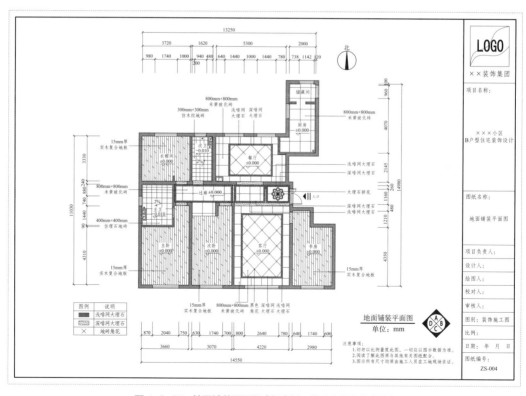

图 4-6-27 地面铺装平面图（扫底封二维码查看高清大图）

模块四 装饰施工图的识读与绘制 | 223

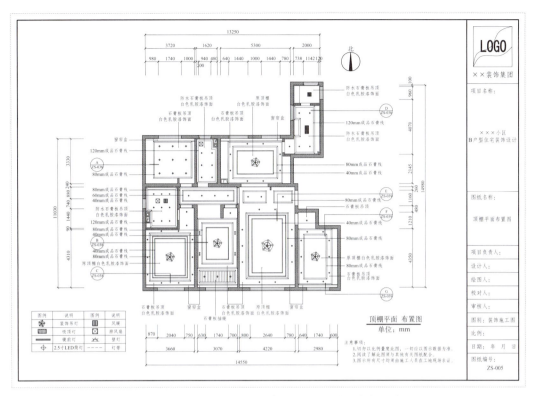

图 4-6-28 顶棚平面布置图（扫底封二维码查看高清大图）

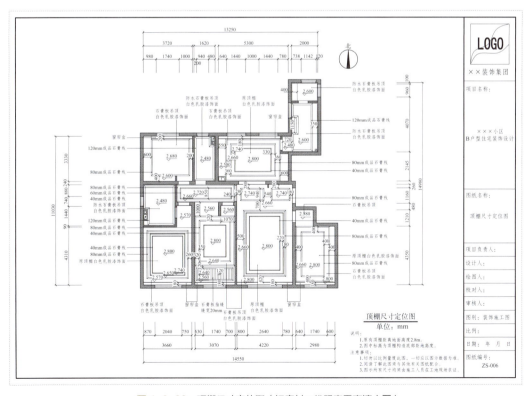

图 4-6-29 顶棚尺寸定位图（扫底封二维码查看高清大图）

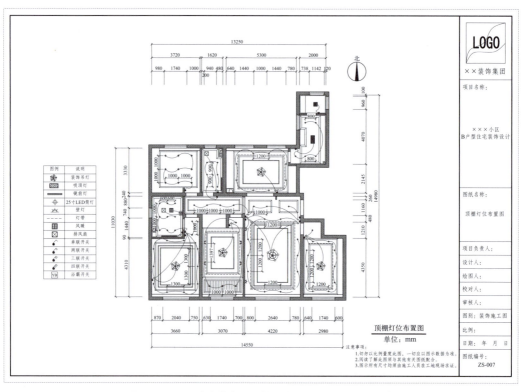

图 4-6-30 顶棚灯位布置图(扫底封二维码查看高清大图)

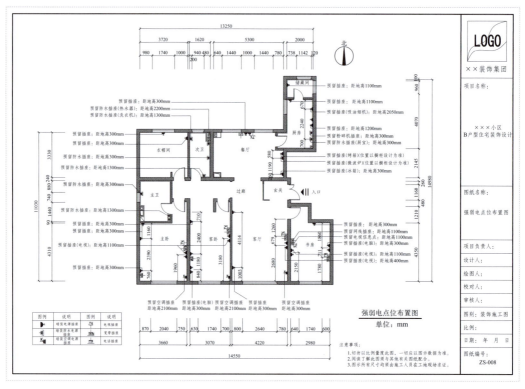

图 4-6-31 强弱电点位布置图(扫底封二维码查看高清大图)

模块四 装饰施工图的识读与绘制 | 225

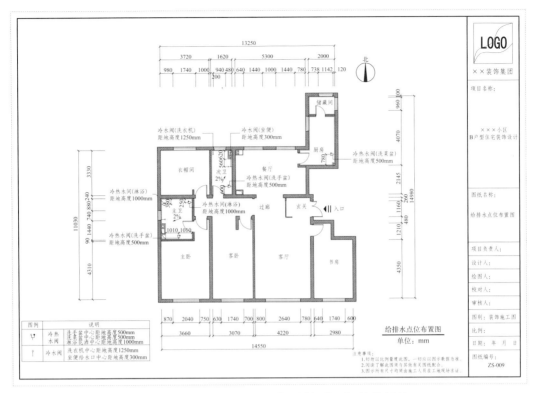

图 4-6-32 给排水点位布置图（扫底封二维码查看高清大图）

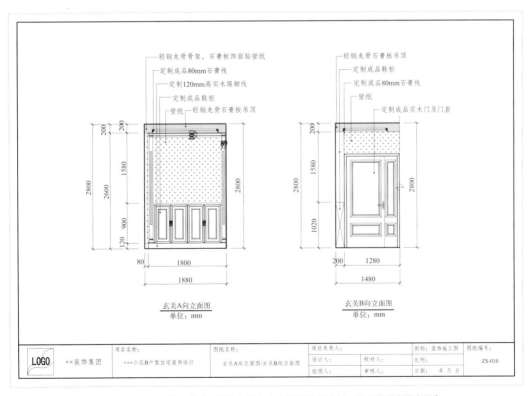

图 4-6-33 玄关 A 向立面图／玄关 B 向立面图（扫底封二维码查看高清大图）

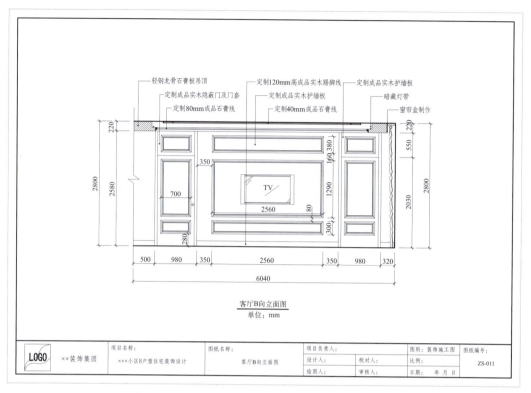

图 4-6-34　客厅 B 向立面图（扫底封二维码查看高清大图）

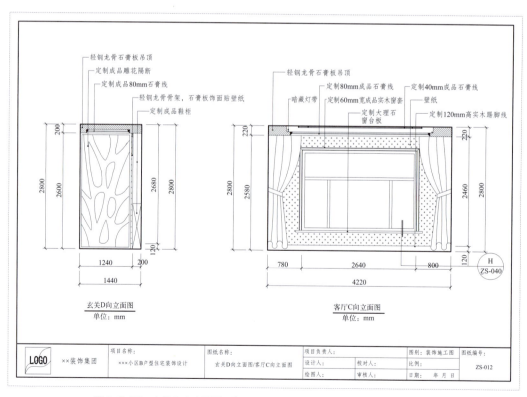

图 4-6-35　玄关 D 向立面图 / 客厅 C 向立面图（扫底封二维码查看高清大图）

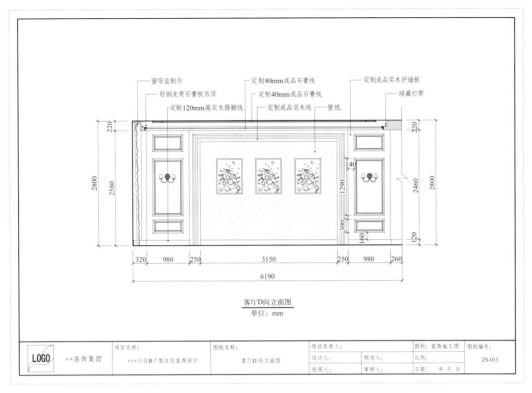

图 4-6-36　客厅 D 向立面图（扫底封二维码查看高清大图）

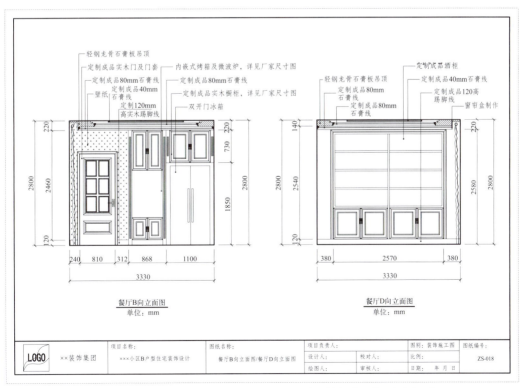

图 4-6-37　餐厅 B 向立面图 / 餐厅 D 向立面图（扫底封二维码查看高清大图）

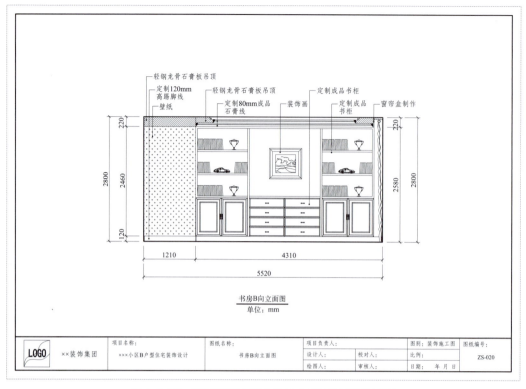

图 4-6-38 书房 B 向立面图（扫底封二维码查看高清大图）

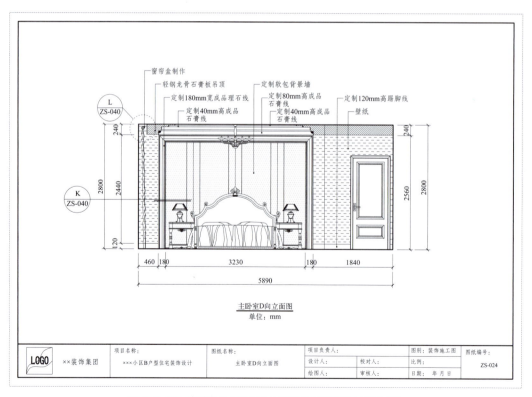

图 4-6-39 主卧室 D 向立面图（扫底封二维码查看高清大图）

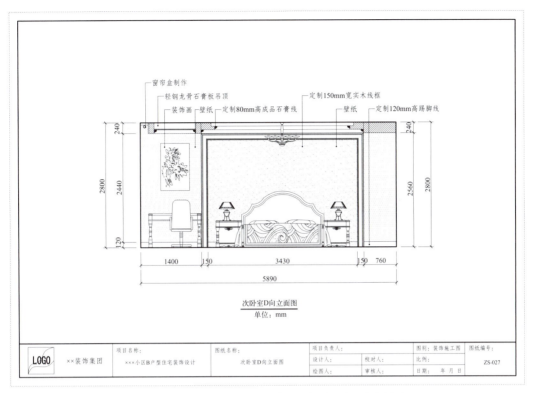

图 4-6-40 次卧室 D 向立面图（扫底封二维码查看高清大图）

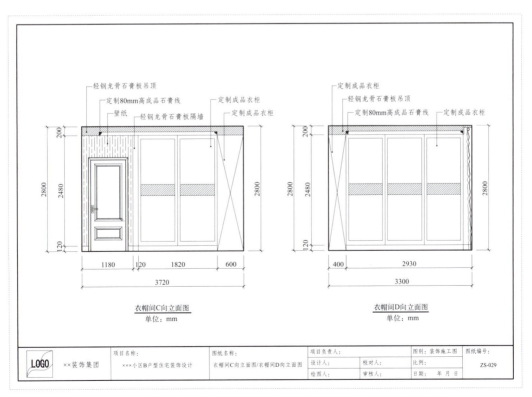

图 4-6-41 衣帽间 C 向立面图 / 衣帽间 D 向立面图（扫底封二维码查看高清大图）

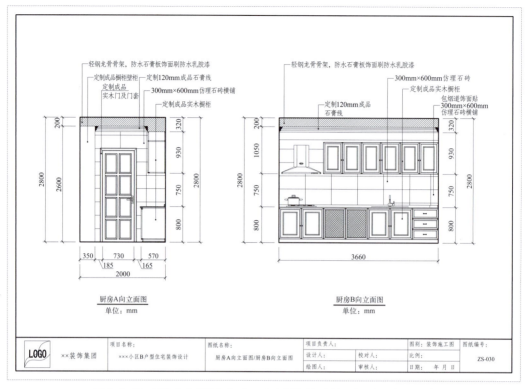

图 4-6-42　厨房 A 向立面图 / 厨房 B 向立面图（扫底封二维码查看高清大图）

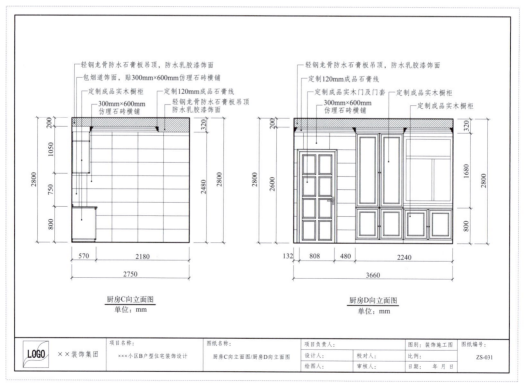

图 4-6-43　厨房 C 向立面图 / 厨房 D 向立面图（扫底封二维码查看高清大图）

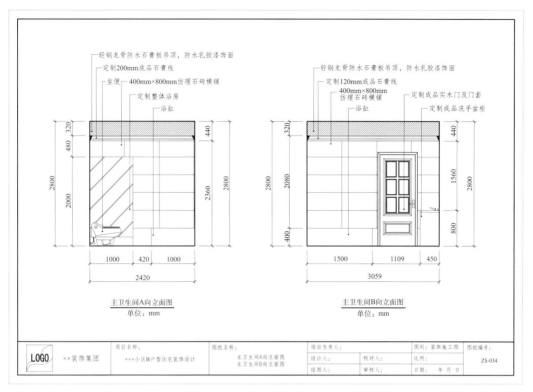

图 4-6-44　主卫生间 A 向立面图 / 主卫生间 B 向立面图（扫底封二维码查看高清大图）

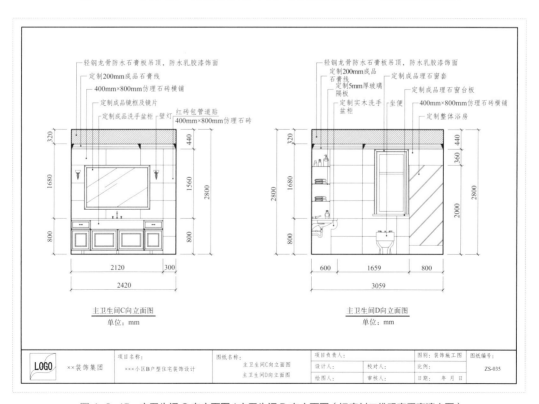

图 4-6-45　主卫生间 C 向立面图 / 主卫生间 D 向立面图（扫底封二维码查看高清大图）

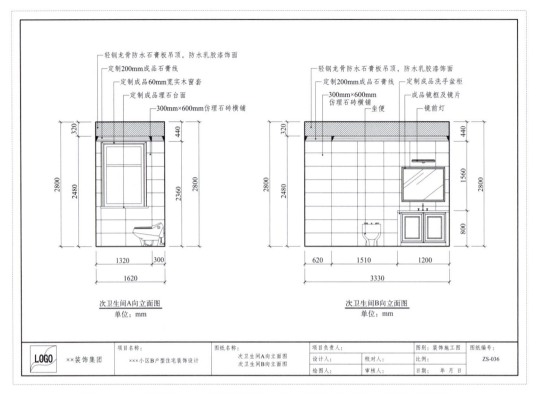

图4-6-46 次卫生间A向立面图/次卫生间B向立面图（扫底封二维码查看高清大图）

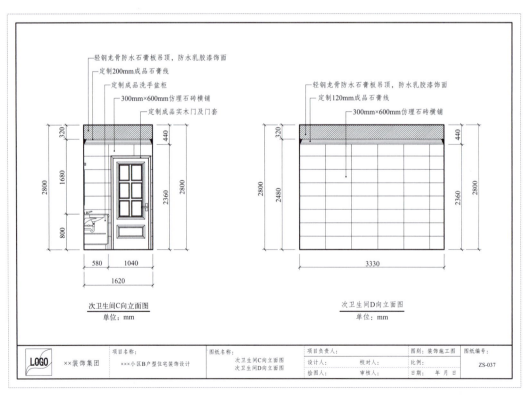

图4-6-47 次卫生间C向立面图/次卫生间D向立面图（扫底封二维码查看高清大图）

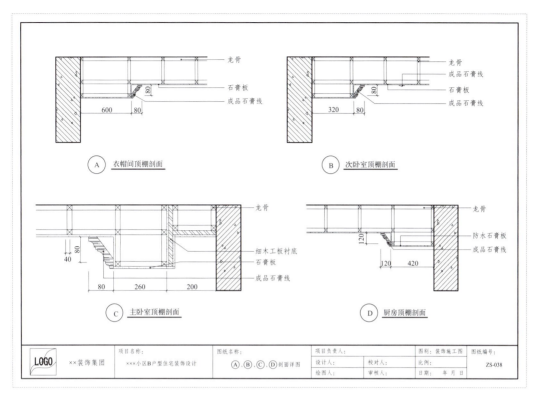

图 4-6-48 Ⓐ、Ⓑ、Ⓒ、Ⓓ剖面详图（扫底封二维码查看高清大图）

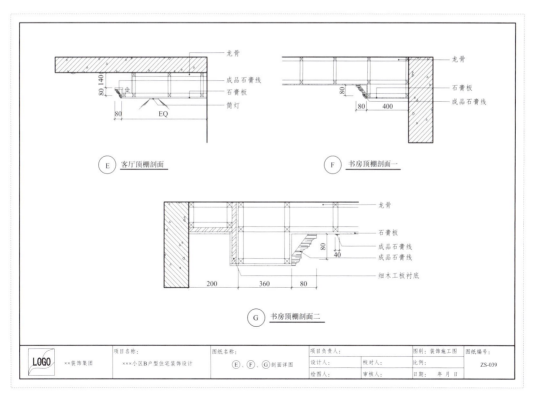

图 4-6-49 Ⓔ、Ⓕ、Ⓖ剖面详图（扫底封二维码查看高清大图）

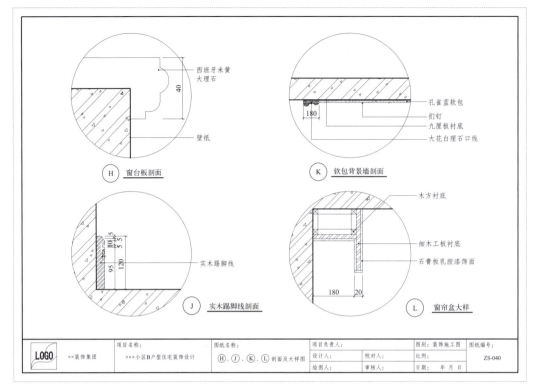

图 4-6-50 Ⓗ、Ⓙ、Ⓚ、Ⓛ剖面及大样图（扫底封二维码查看高清大图）

笔记

附 录

附录1　常用建筑构造及配件图例

序号	名称	图例	备注
1	墙体	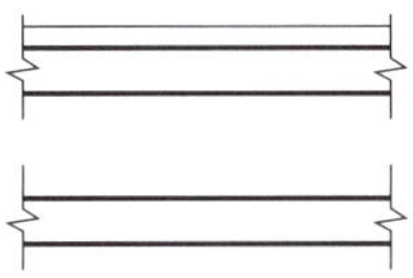	① 上图为外墙，下图为内墙 ② 外墙细线表示有保温层或有幕墙 ③ 应加注文字或涂色或图案填充表示各种材料的墙体 ④ 在各层平面图中防火墙宜着重以特殊图案填充表示
2	隔断		① 加注文字或涂色或图案填充表示各种材料的轻质隔断 ② 适用于到顶与不到顶隔断
3	玻璃幕墙		幕墙龙骨是否表示由项目设计决定
4	栏杆		—
5	楼梯	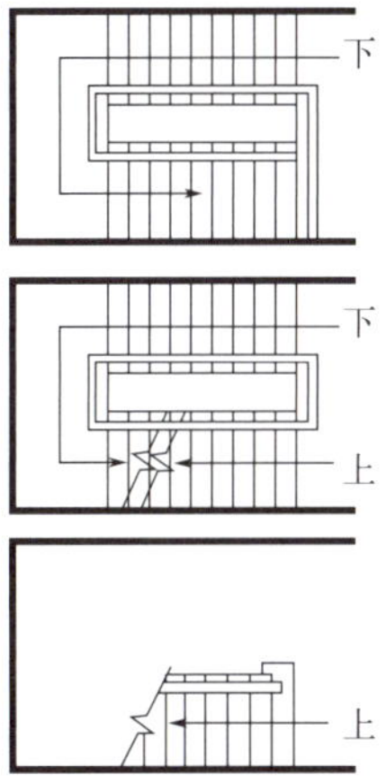	① 上图为顶层楼梯平面，中图为中间层楼梯平面，下图为底层楼梯平面 ② 需设置靠墙扶手或中间扶手时，应在图中表示
6	坡道	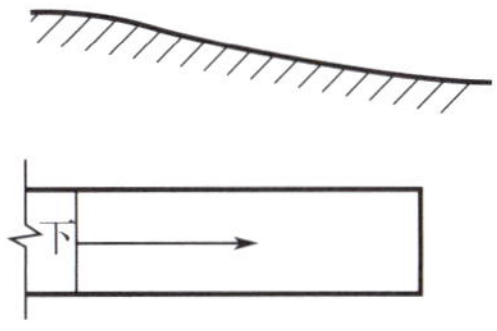	长坡道

续表

序号	名称	图例	备注
6	坡道	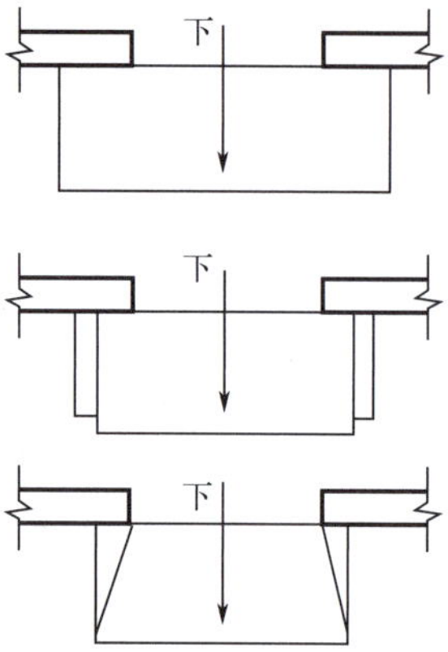	上图为两侧垂直的门口坡道，中图为有挡墙的门口坡道，下图为两侧找坡的门口坡道
7	台阶	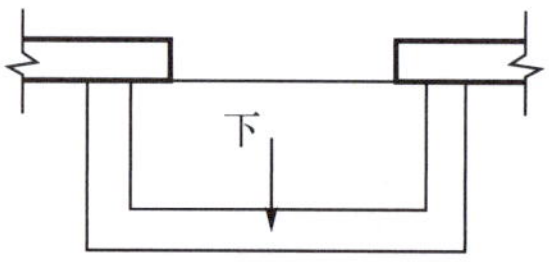	—
8	平面高差	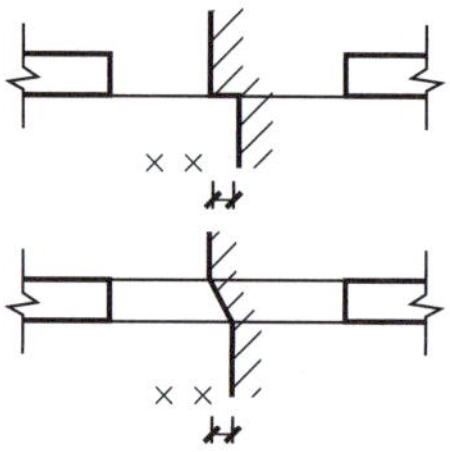	用于高差小的地面或楼面交接处，并应与门的开启方向协调
9	检查口		左图为可见检查口，右图为不可见检查口
10	孔洞		阴影部分亦可填充灰度或涂色代替
11	坑槽		—
12	墙预留洞、槽	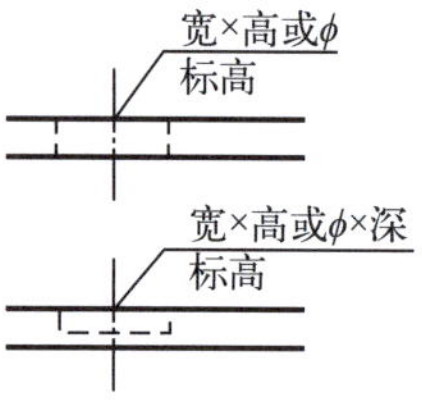	① 上图为预留洞，下图为预留槽 ② 平面以洞（槽）中心定位 ③ 标高以洞（槽）底或中心定位 ④ 宜以涂色区别墙体和预留洞（槽）
13	地沟	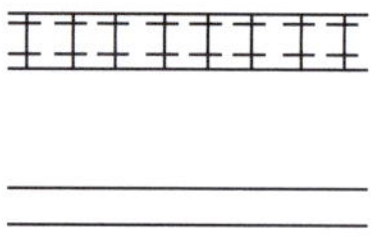	上图为有盖板地沟，下图为无盖板明沟

续表

序号	名称	图例	备注
14	烟道	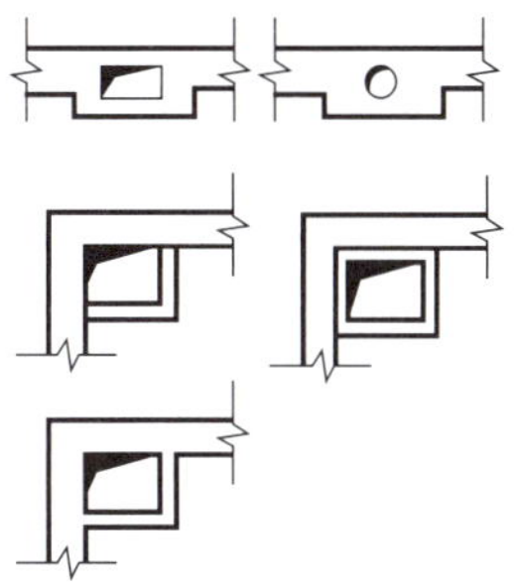	① 阴影部分亦可填充灰度或涂色代替 ② 烟道、风道与墙体为相同材料，其相接处墙身线应连通 ③ 烟道、风道根据需要增加不同材料的内衬
15	风道	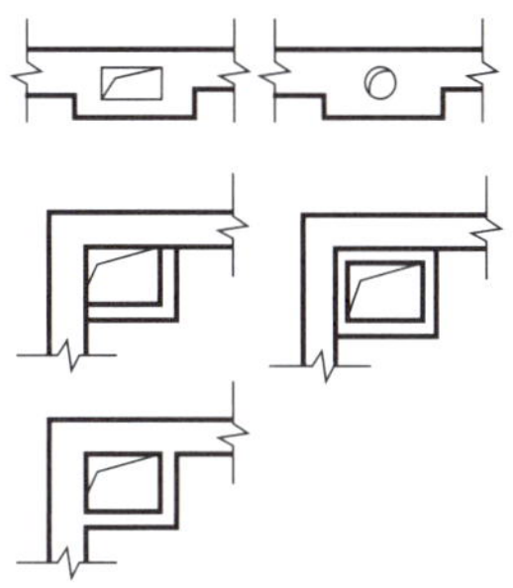	
16	新建的墙和窗	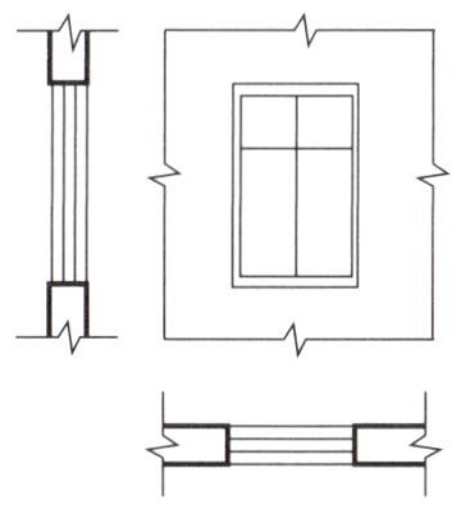	—
17	改建时保留的墙和窗	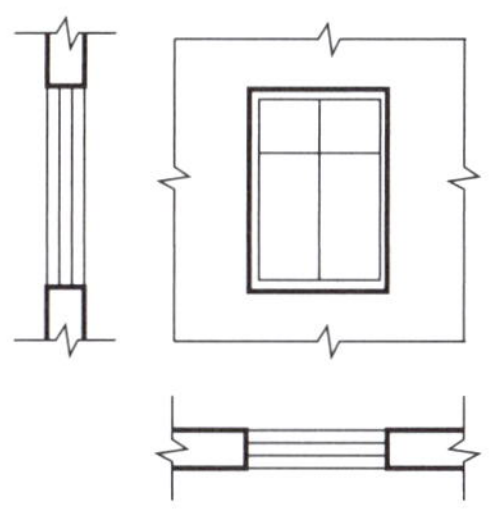	只更换窗，应加粗窗的轮廓线
18	拆除的墙	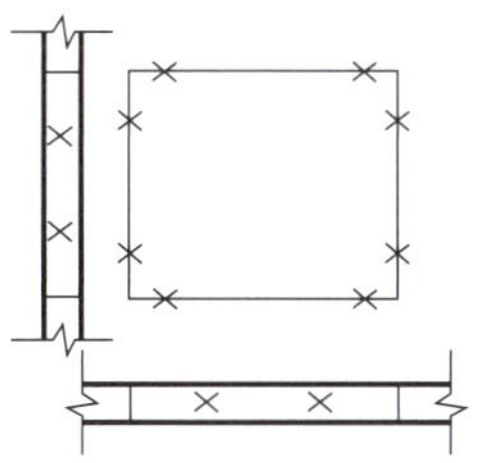	—

续表

序号	名称	图例	备注
19	改建时在原有墙或楼板新开的洞	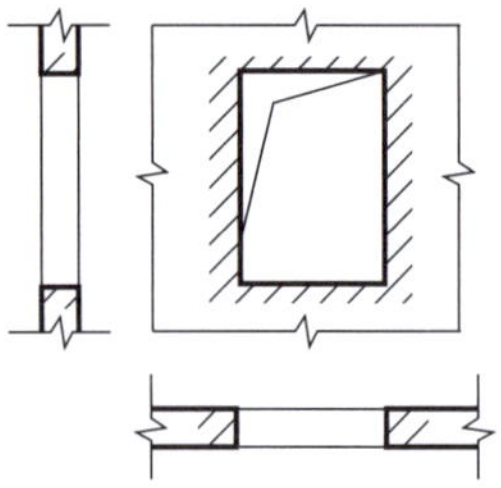	—
20	在原有墙或楼板洞旁扩大的洞	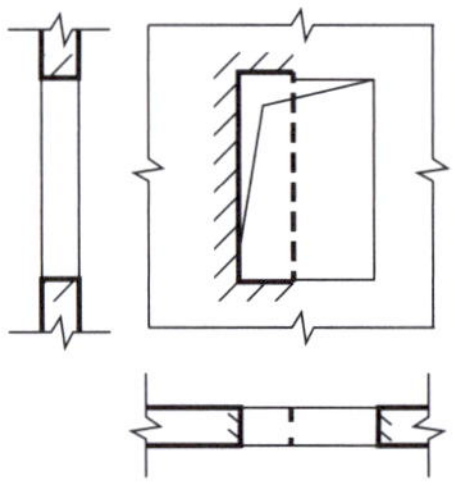	图示为洞口向左边扩大
21	在原有墙或楼板上全部填塞的洞	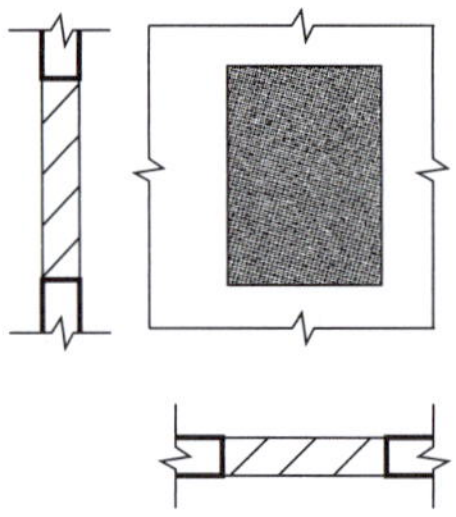	全部填塞的洞 图中立面填充灰度或涂色
22	在原有墙或楼板上局部填塞的洞	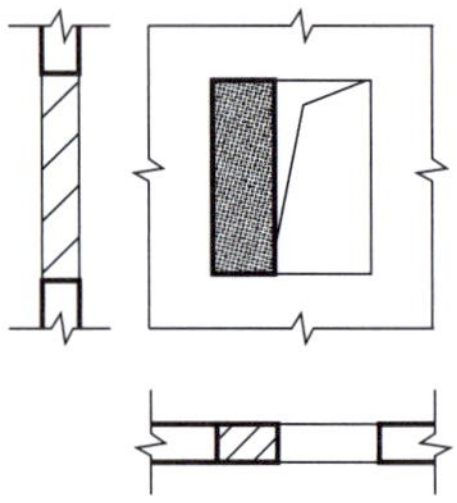	左侧为局部填塞的洞 图中立面填充灰度或涂色
23	空门洞	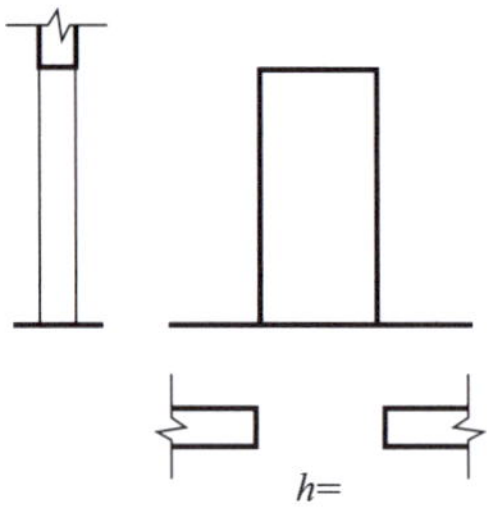 $h=$	h 为门洞高度

续表

序号	名称	图例	备注
24	单面开启单扇门（包括平开或单面弹簧）	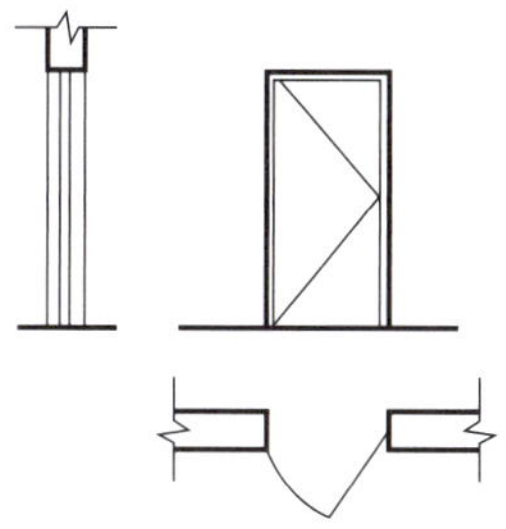	
	双面开启单扇门（包括双面平开或双面弹簧）	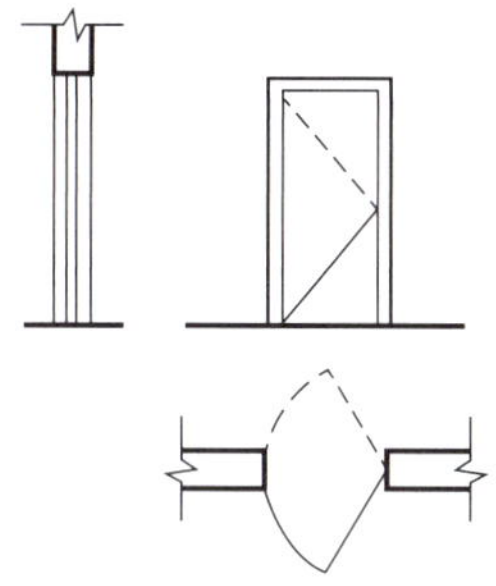	① 门的名称代号用 M 表示 ② 平面图中，下为外，上为内 门开启线为 90°、60° 或 45°，开启弧线宜绘出 ③ 立面图中，开启线实线为外开，虚线为内开。开启线交角的一侧为安装合页一侧。开启线在建筑立面图中可不表示，在立面大样图中可根据需要绘出 ④ 剖面图中，左为外，右为内 ⑤ 附加纱扇应以文字说明，在平、立剖面图中均不表示 ⑥ 立面形式应按实际情况绘制
	双层单扇平开门	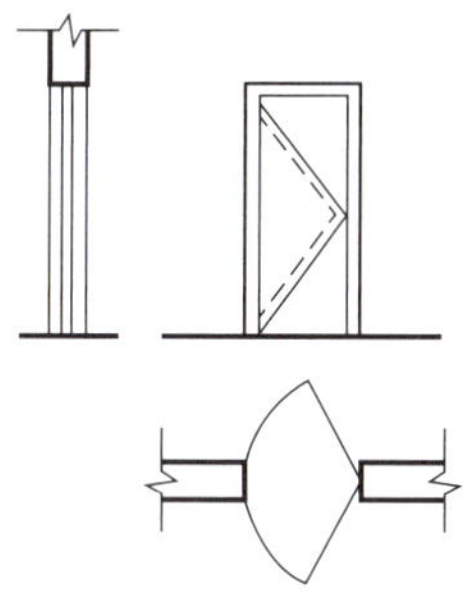	
25	单面开启双扇门（包括平开或单面弹簧）	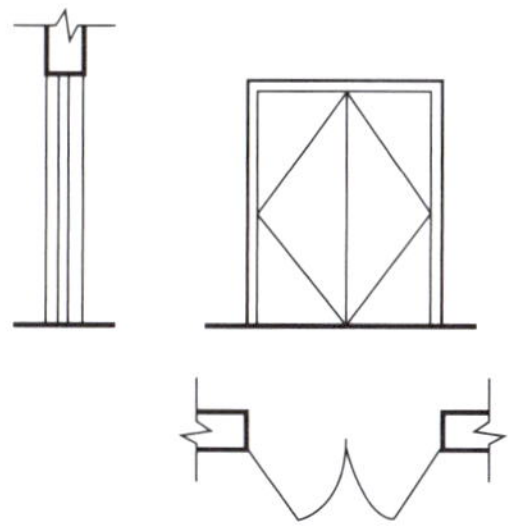	① 门的名称代号用 M 表示 ② 平面图中，下为外，上为内 门开启线为 90°、60° 或 45°，开启弧线宜绘出 ③ 立面图中，开启线实线为外开，虚线为内开。开启线交角的一侧为安装合页一侧。开启线在建筑立面图中可不表示，在立面大样图中可根据需要绘出 ④ 剖面图中，左为外，右为内 ⑤ 附加纱扇应以文字说明，在平、立剖面图中均不表示 ⑥ 立面形式应按实际情况绘制

续表

序号	名称	图例	备注
25	双面开启双扇门（包括双面平开或双面弹簧）	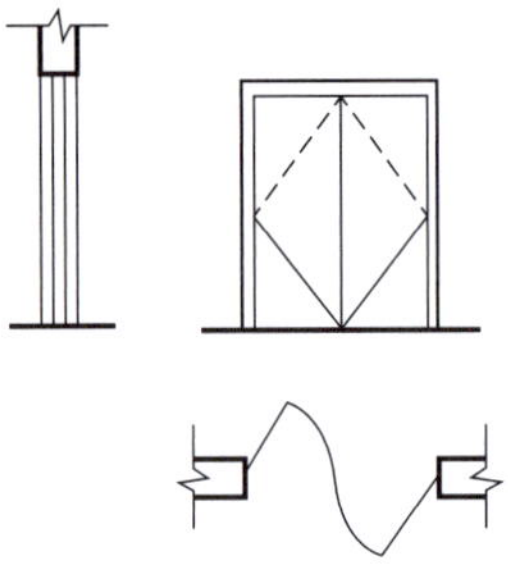	①门的名称代号用 M 表示 ②平面图中，下为外，上为内 门开启线为 90°、60° 或 45°，开启弧线宜绘出 ③立面图中，开启线实线为外开，虚线为内开。开启线交角的一侧为安装合页一侧。开启线在建筑立面图中可不表示，在立面大样图中可根据需要绘出 ④剖面图中，左为外，右为内 ⑤附加纱扇应以文字说明，在平、立、剖面图中均不表示 ⑥立面形式应按实际情况绘制
	双层双扇平开门	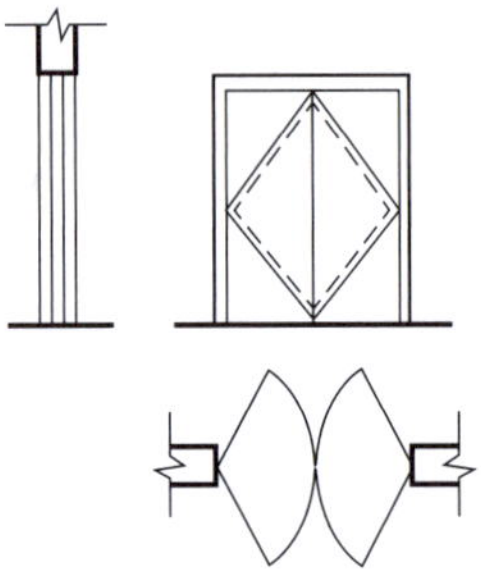	
26	折叠门	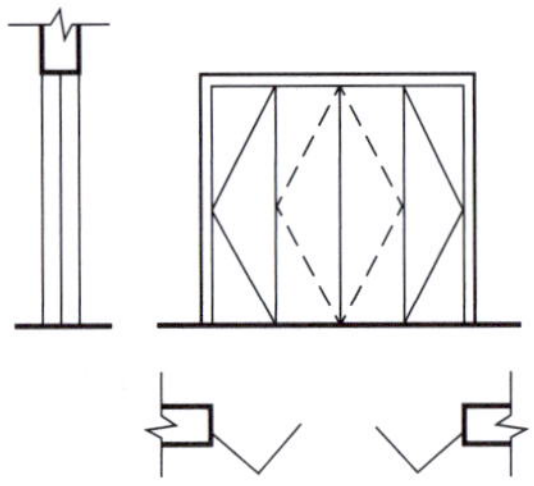	①门的名称代号用 M 表示 ②平面图中，下为外，上为内 ③立面图中，开启线实线为外开，虚线为内开。开启线交角的一侧为安装合页一侧 ④剖面图中，左为外，右为内 ⑤立面形式应按实际情况绘制
	推拉折叠门	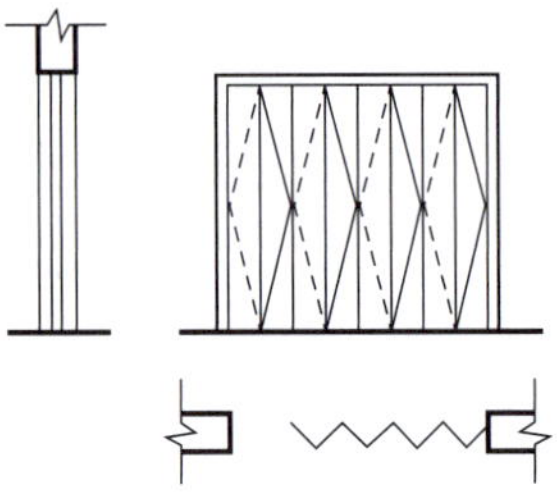	
27	墙洞外单扇推拉门	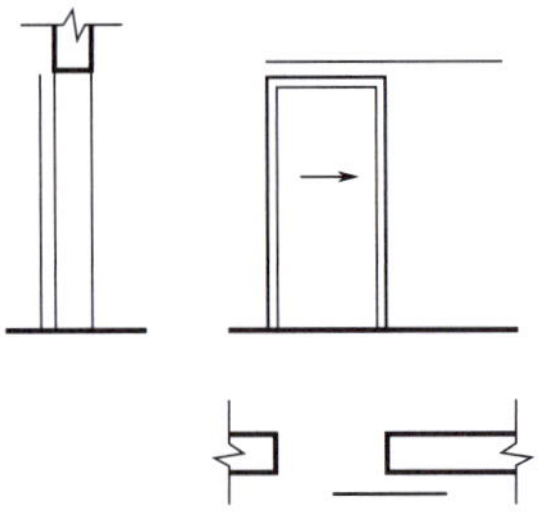	①门的名称代号用 M 表示 ②平面图中，下为外，上为内 ③剖面图中，左为外，右为内 ④立面形式应按实际情况绘制

续表

序号	名称	图例	备注
	墙洞外双扇推拉门	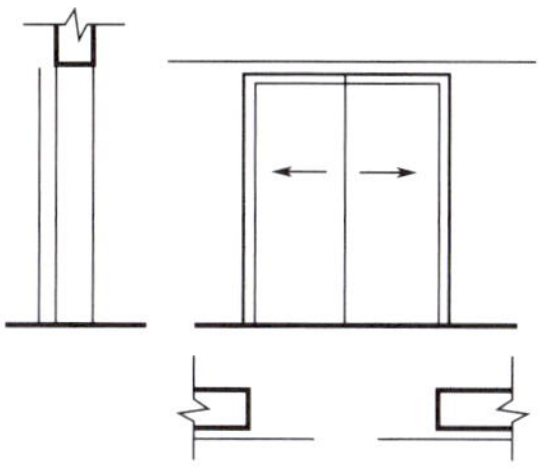	① 门的名称代号用 M 表示 ② 平面图中，下为外，上为内 ③ 剖面图中，左为外，右为内 ④ 立面形式应按实际情况绘制
27	墙中单扇推拉门	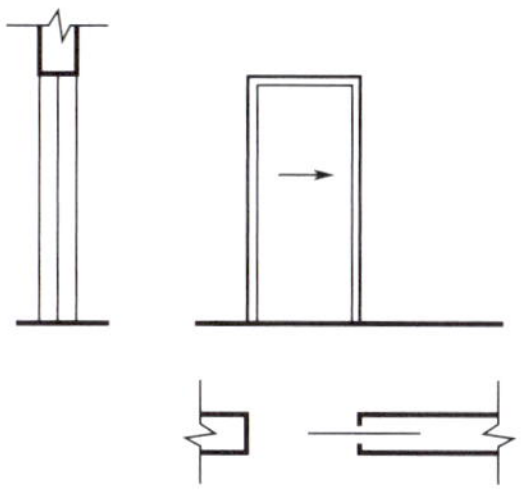	
	墙中双扇推拉门	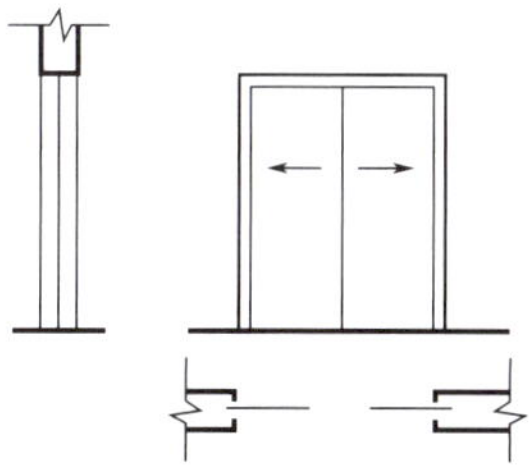	① 门的名称代号用 M 表示 ② 立面形式应按实际情况绘制
28	推拢门	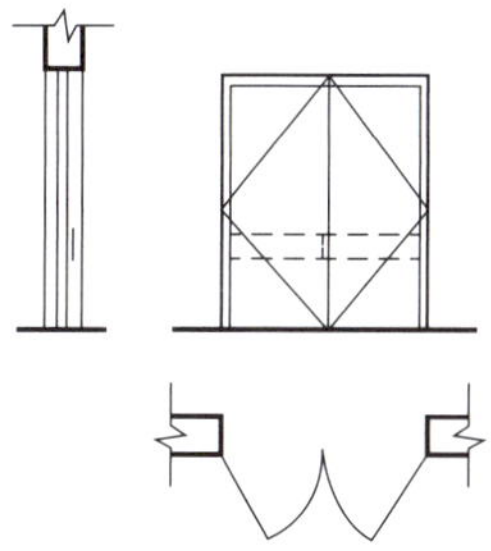	
29	门连窗	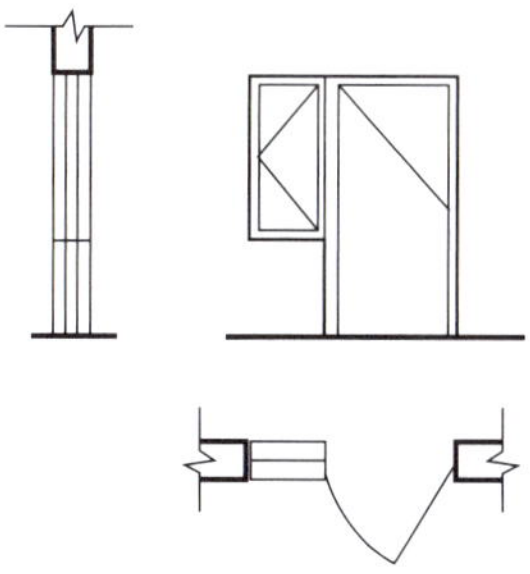	① 门的名称代号用 M 表示 ② 平面图中，下为外，上为内 门开启线为 90°、60° 或 45° ③ 立面图中，开启线实线为外开，虚线为内开。开启线交角的一侧为安装合页一侧。开启线在建筑立面图中可不表示，在室内设计门窗立面大样图中需绘出 ④ 剖面图中，左为外，右为内 ⑤ 立面形式应按实际情况绘制

续表

序号	名称	图例	备注
30	旋转门	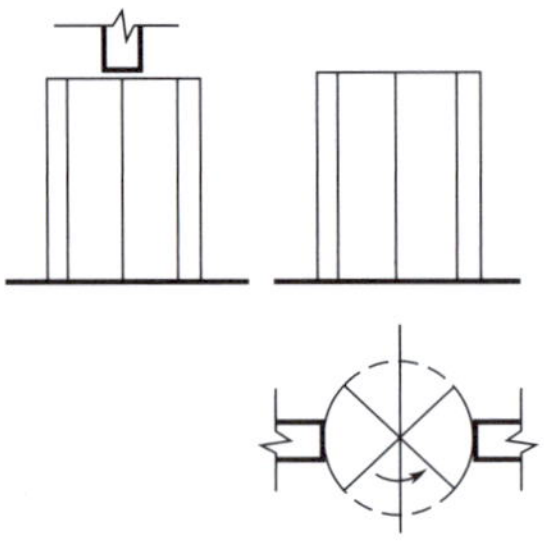	①门的名称代号用 M 表示 ②立面形式应按实际情况绘制
	两翼智能旋转门	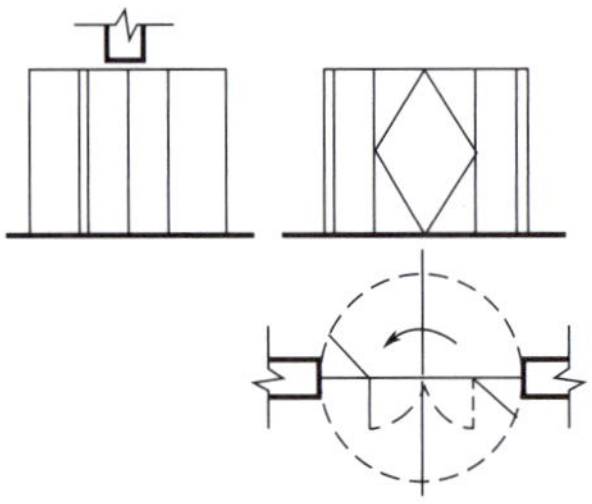	
31	自动门	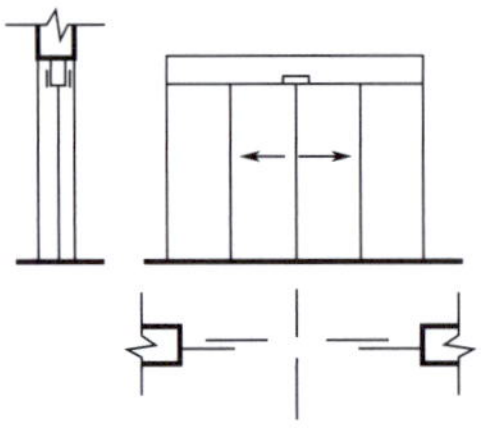	①门的名称代号用 M 表示 ②立面形式应按实际情况绘制
32	折叠上翻门	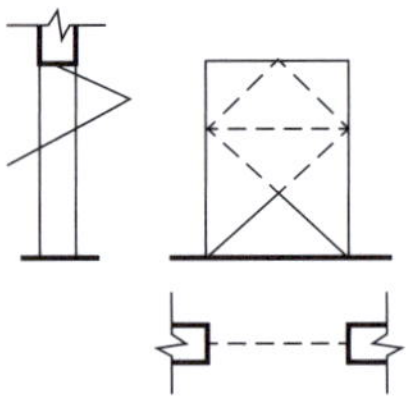	①门的名称代号用 M 表示 ②平面图中，下为外，上为内 ③剖面图中，左为外，右为内 ④立面形式应按实际情况绘制
33	提升门	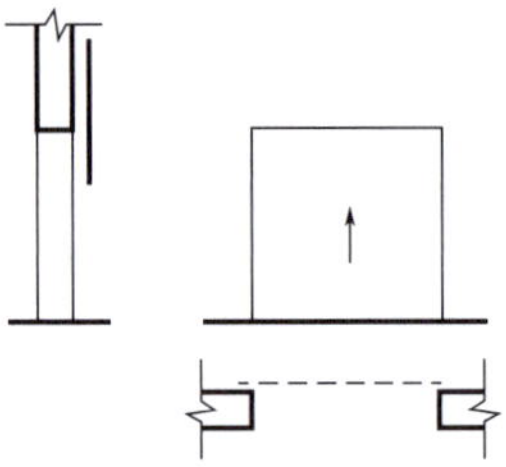	①门的名称代号用 M 表示 ②立面形式应按实际情况绘制
34	分节提升门	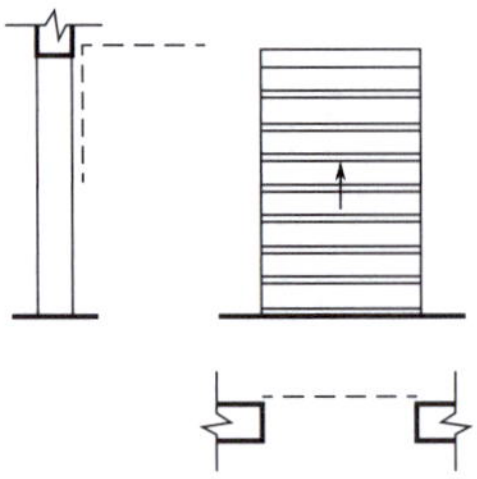	

续表

序号	名称	图例	备注
35	人防单扇防护密闭门	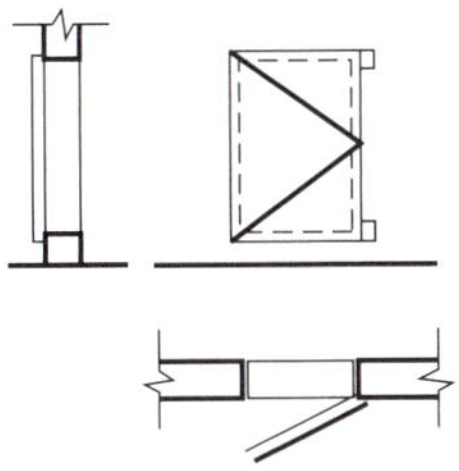	①门的名称代号按人防要求表示 ②立面形式应按实际情况绘制
	人防单扇密闭门	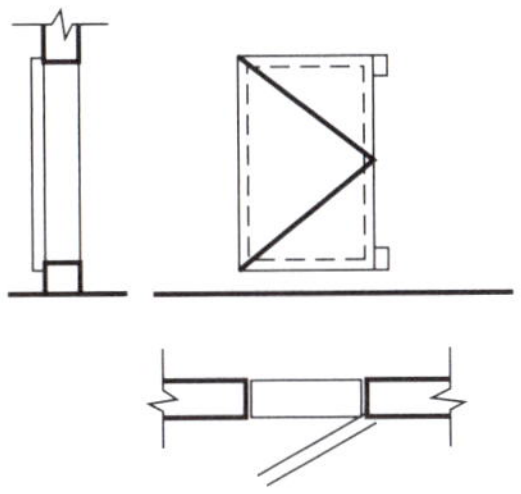	
36	人防双扇防护密闭门	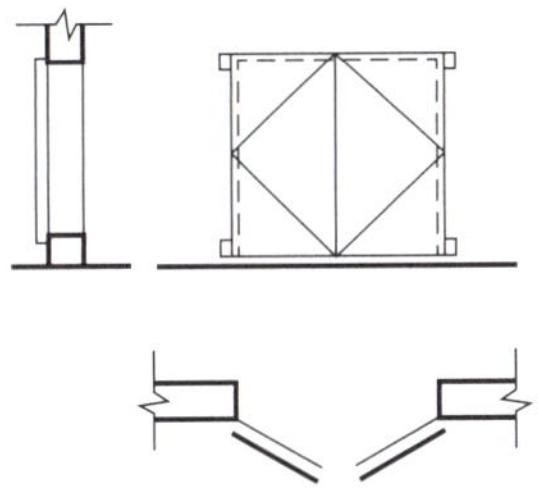	①门的名称代号按人防要求表示 ②立面形式应按实际情况绘制
	人防双扇密闭门	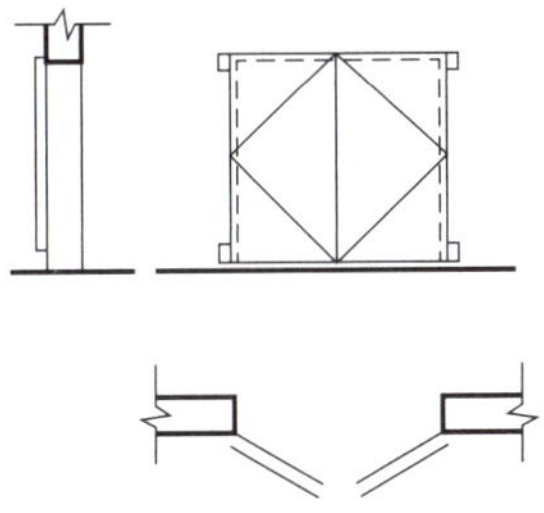	
37	横向卷帘门	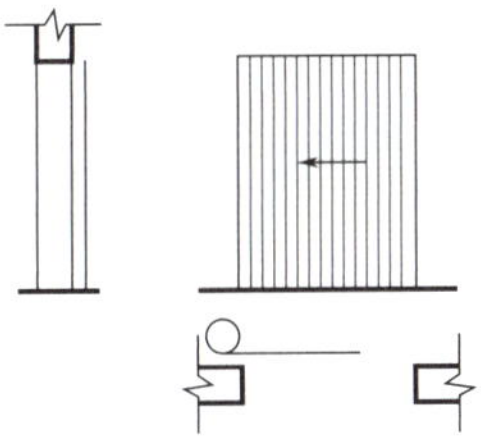	—
	竖向卷帘门	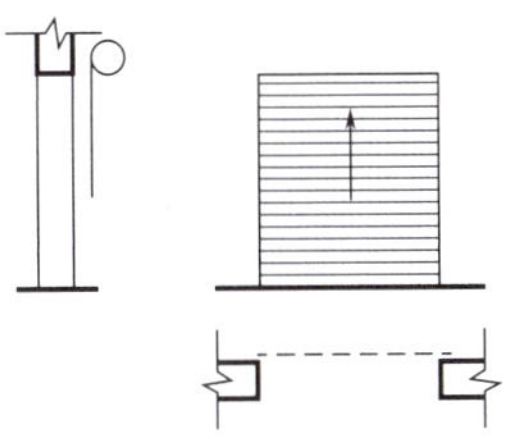	

续表

序号	名称	图例	备注
37	单侧双层卷帘门	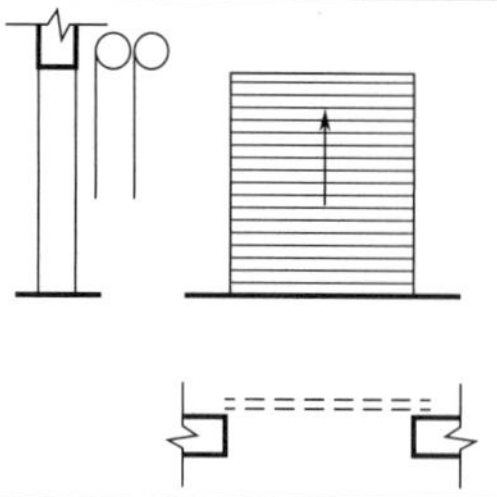	—
	双侧单层卷帘门	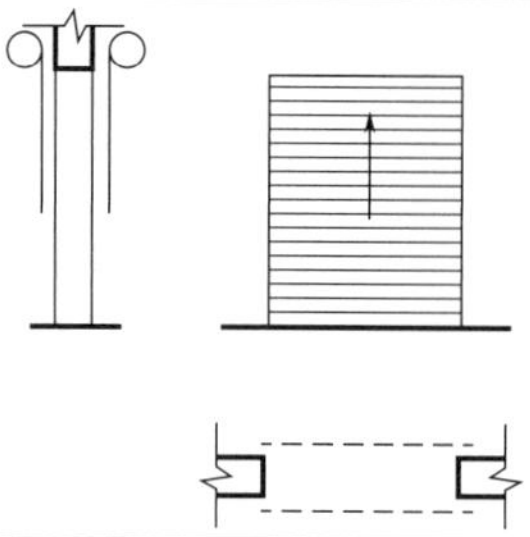	
38	固定窗	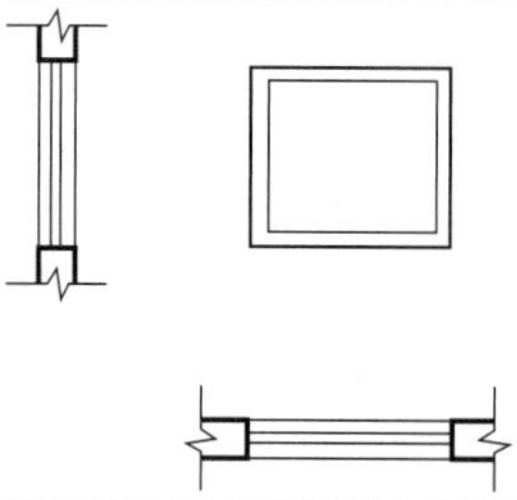	① 窗的名称代号用 C 表示 ② 平面图中,下为外,上为内 ③ 立面图中,开启线实线为外开,虚线为内开。开启线交角的一侧为安装合页一侧。开启线在建筑立面图中可不表示,在门窗立面大样图中需绘出 ④ 剖面图中,左为外,右为内。虚线仅表示开启方向,项目设计不表示 ⑤ 附加纱窗应以文字说明,在平、立、剖面图中均不表示 ⑥ 立面形式应按实际情况绘制
39	上悬窗	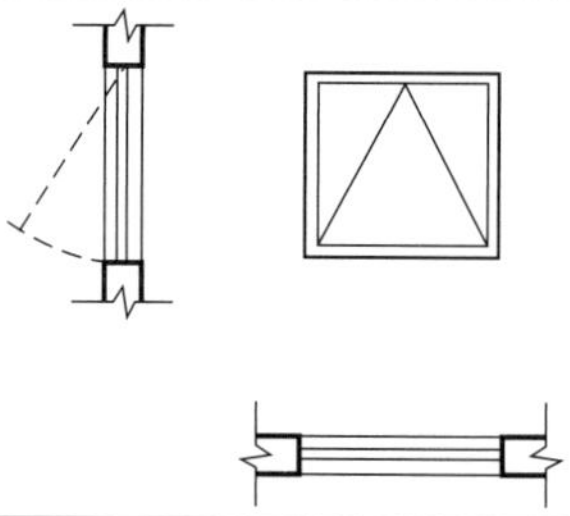	
	中悬窗	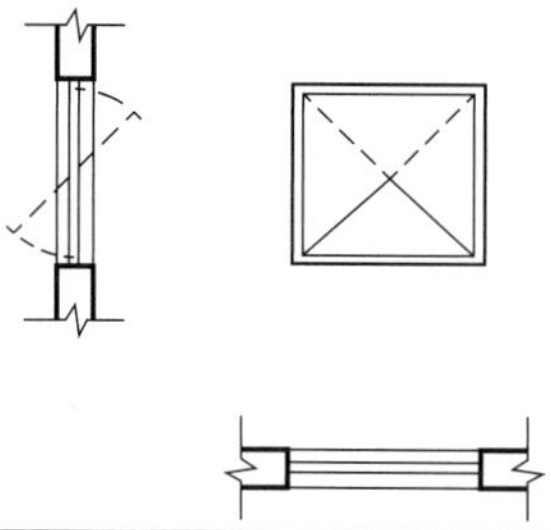	
40	下悬窗	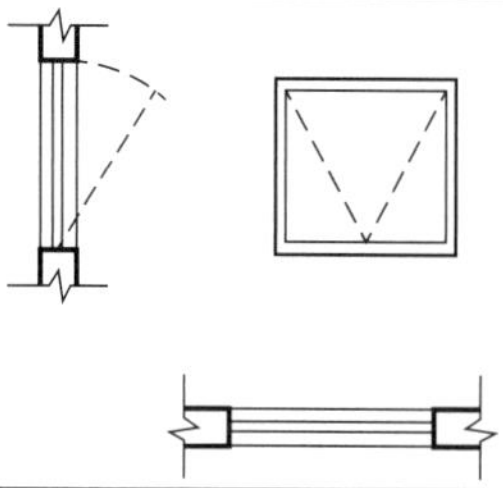	

续表

序号	名称	图例	备注
41	立转窗	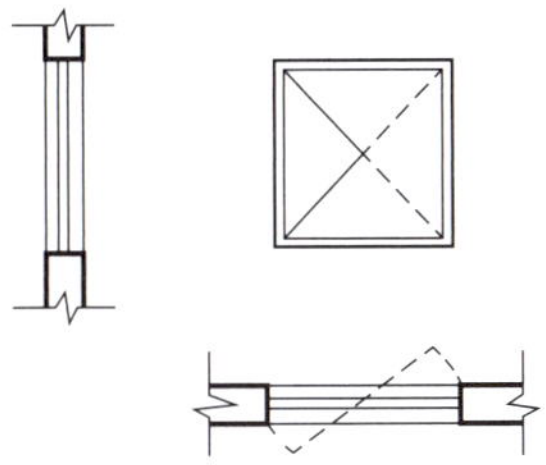	
42	内开平开内倾窗	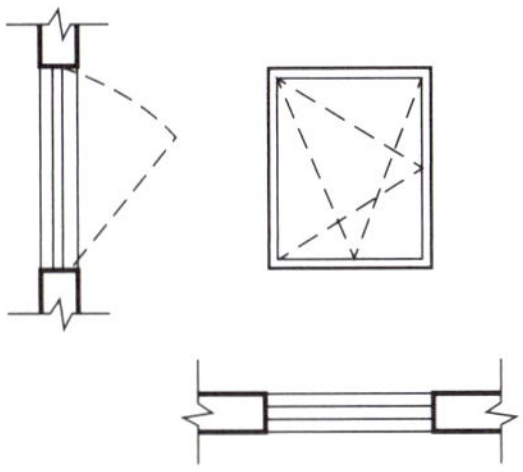	① 窗的名称代号用 C 表示 ② 平面图中，下为外，上为内 ③ 立面图中，开启线实线为外开，虚线为内开。开启线交角的一侧为安装合页一侧。开启线在建筑立面图中可不表示，在门窗立面大样图中需绘出 ④ 剖面图中，左为外，右为内。虚线仅表示开启方向，项目设计不表示 ⑤ 附加纱窗应以文字说明，在平、立、剖面图中均不表示 ⑥ 立面形式应按实际情况绘制
43	单层外开平开窗	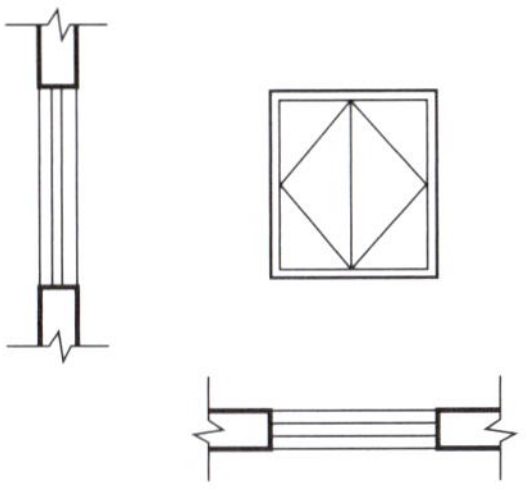	
43	单层内开平开窗	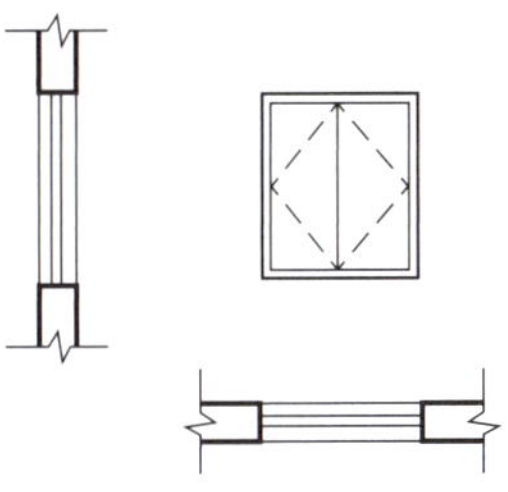	
	双层内外开平开窗	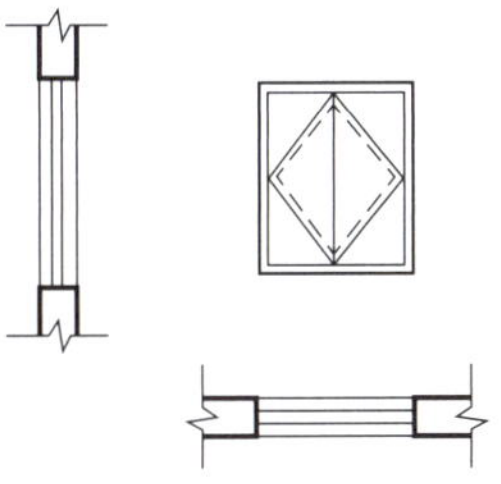	
44	单层推拉窗	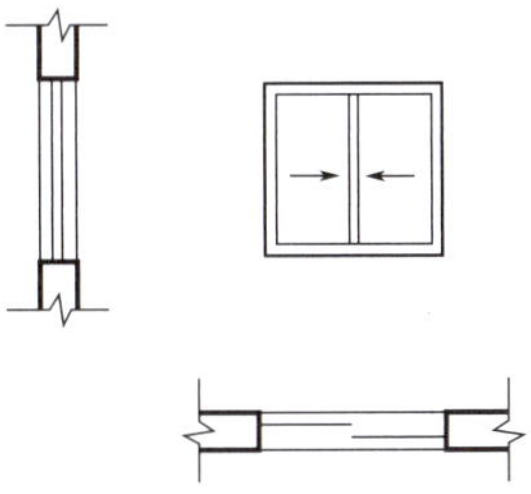	① 窗的名称代号用 C 表示 ② 立面形式应按实际情况绘制

续表

序号	名称	图例	备注
44	双层推拉窗	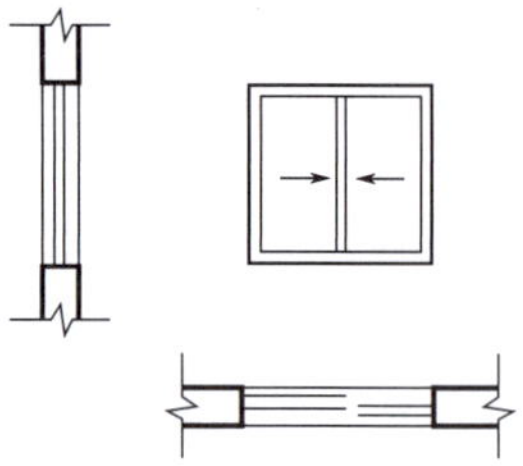	① 窗的名称代号用 C 表示 ② 立面形式应按实际情况绘制
45	上推窗	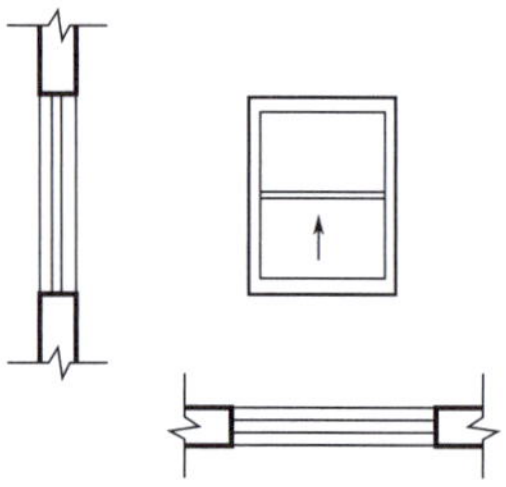	① 窗的名称代号用 C 表示 ② 立面形式应按实际情况绘制
46	百叶窗	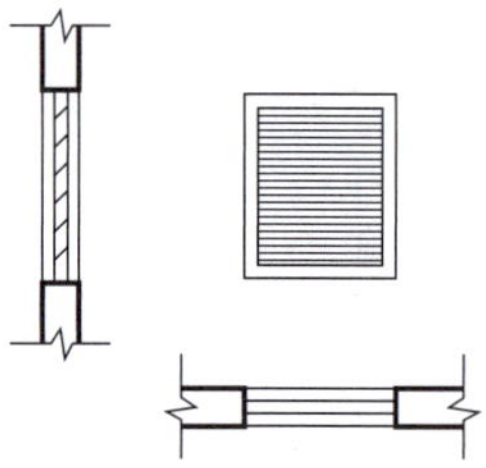	① 窗的名称代号用 C 表示 ② 立面形式应按实际情况绘制
47	高窗	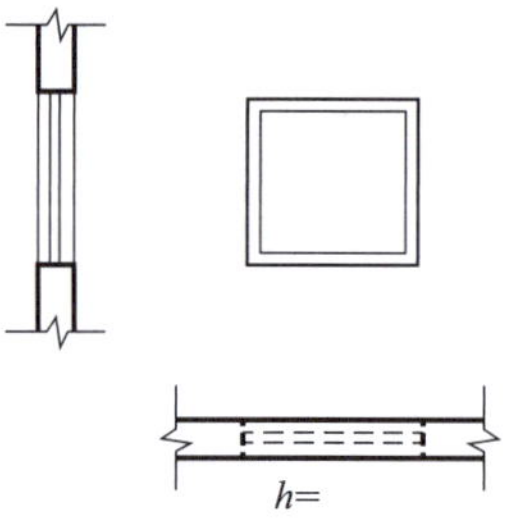	① 窗的名称代号用 C 表示 ② 立面图中，开启线实线为外开，虚线为内开。开启线交角的一侧为安装合页一侧。开启线在建筑立面图中可不表示，在门窗立面大样图中需绘出 ③ 剖面图中，左为外、右为内 ④ 立面形式应按实际情况绘制 ⑤ h 表示高窗底距本层地面高度 ⑥ 高窗开启方式参考其他窗型
48	平推窗	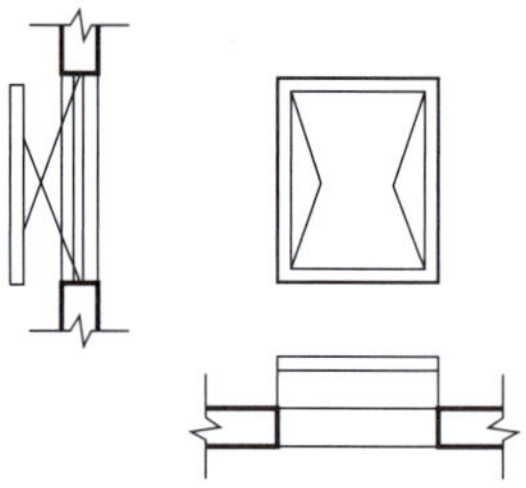	① 窗的名称代号用 C 表示 ② 立面形式应按实际情况绘制

附录2　常用水平及垂直运输装置图例

序号	名称	图例	备注
1	电梯		① 电梯应注明类型，并按实际绘出门和平衡锤或导轨的位置 ② 其他类型电梯应参照本图例按实际情况绘制
2	杂物梯、食梯	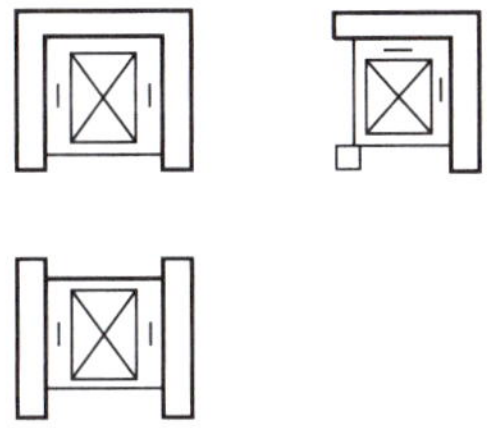	
3	自动扶梯	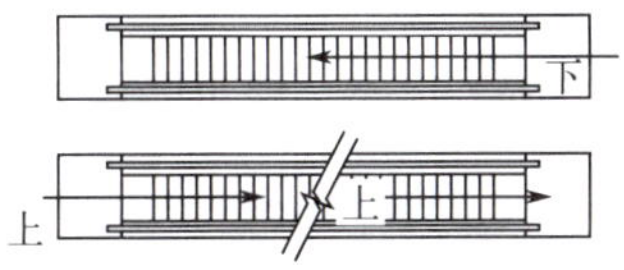	箭头方向为设计运行方向
4	自动人行道	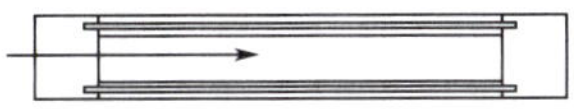	
5	自动人行坡道	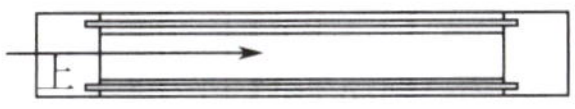	

附录3　常用建筑材料图例

序号	名称	图例	备注
1	自然土壤		包括各种自然土壤
2	夯实土壤		—
3	砂、灰土	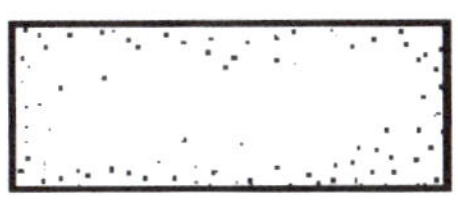	—

续表

序号	名称	图例	备注
4	砂砾石、碎砖三合土		—
5	石材		—
6	毛石		—
7	实心砖、多孔砖		包括普通砖、多孔砖、混凝土砖等砌体
8	耐火砖		包括耐酸砖等砌体
9	空心砖、空心砌块		包括空心砖、普通或轻骨料混凝土小型空心砌块等砌体
10	加气混凝土		包括加气混凝土砌块砌体、加气混凝土墙板及加气混凝土材料制品等
11	饰面砖		包括铺地砖、玻璃马赛克、陶瓷锦砖、人造大理石等
12	焦渣、矿渣		包括与水泥、石灰等混合而成的材料
13	混凝土		包括各种强度等级、骨料、添加剂的混凝土
14	钢筋混凝土		在剖面图上绘制表达钢筋时，则不需绘制图例线 断面图形较小，不易绘制表达图例线时，可填黑或深灰（灰度宜70%）
15	多孔材料		包括水泥珍珠岩、沥青珍珠岩、泡沫混凝土、软木、蛭石制品等
16	纤维材料		包括矿棉、岩棉、玻璃棉、麻丝、木丝板、纤维板等

续表

序号	名称	图例	备注
17	泡沫塑料材料	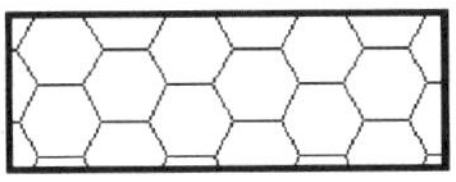	包括聚苯乙烯、聚乙烯、聚氨酯等多孔聚合物类材料
18	木材	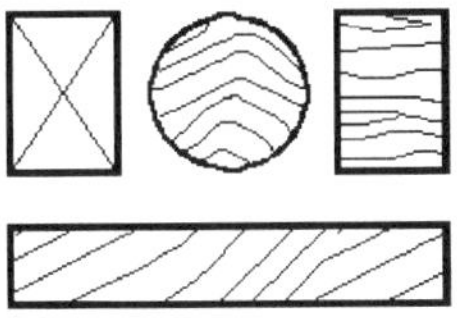	上图为横断面，左上图为垫木、木砖或木龙骨 下图为纵断面
19	胶合板	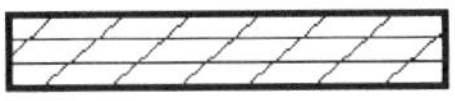	应注明为×层胶合板
20	石膏板	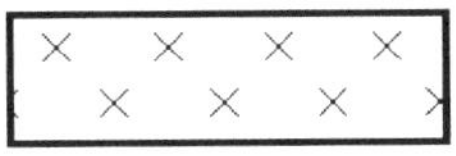	包括圆孔或方孔石膏板、防水石膏板、硅钙板、防火石膏板等
21	金属	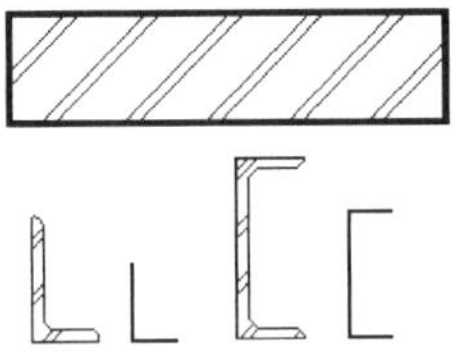	包括各种金属 图形小时，可涂黑或深灰（灰度宜70%）
22	网状材料		包括金属、塑料网状材料 应注明具体材料名称
23	液体	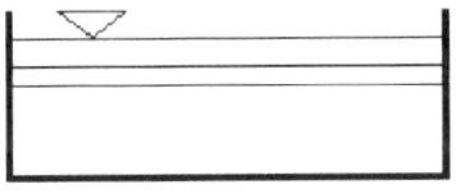	应注明具体液体名称
24	玻璃		包括平板玻璃、磨砂玻璃、夹丝玻璃、钢化玻璃、中空玻璃、夹层玻璃、镀膜玻璃等
25	橡胶	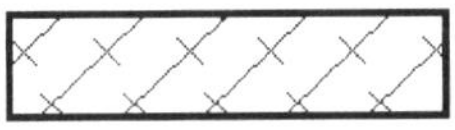	—
26	塑料		包括各种软、硬塑料及有机玻璃等
27	防水材料		构造层次多或绘制比例大时，采用上面的图例
28	粉刷	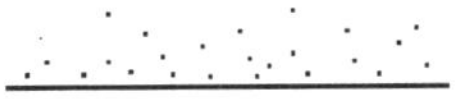	本图例采用较稀的点

注：1. 本表中所列图例通常在1：50及以上比例的详图中绘制表达。
2. 如需表达砖、砌块等砌体墙的承重情况时，可通过在原有建筑材料图例上增加填灰等方式进行区分，灰度宜为25%左右。
3. 序号1、2、5、7、8、14、15、21图例中的斜线、短斜线、交叉线等均为45°。

附录4 常用家具及设施图例

一、平面图常用图例

序号	名称	图例
1	单人沙发	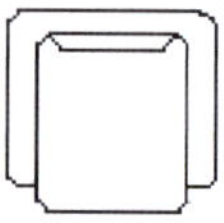
2	双人沙发	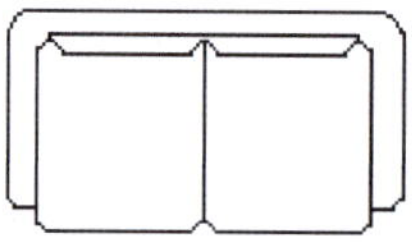
3	三人沙发	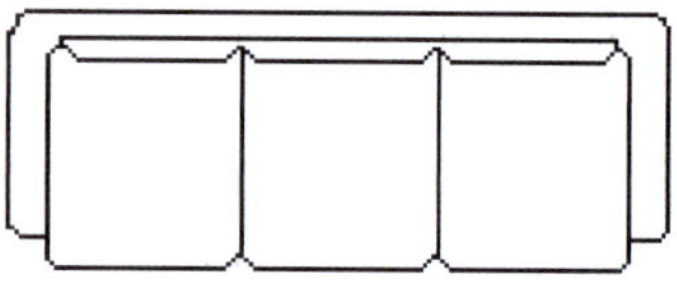
4	方形茶几	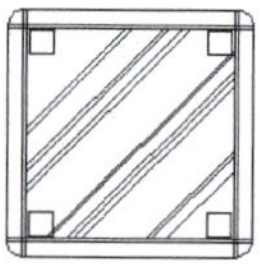
5	圆形茶几	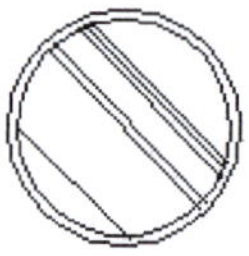
6	电视柜	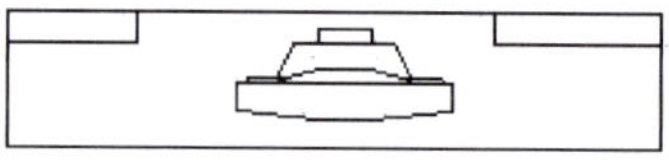
7	边角柜	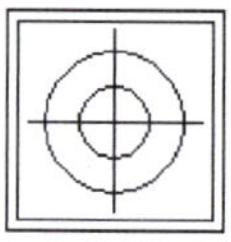
8	圆形餐桌椅	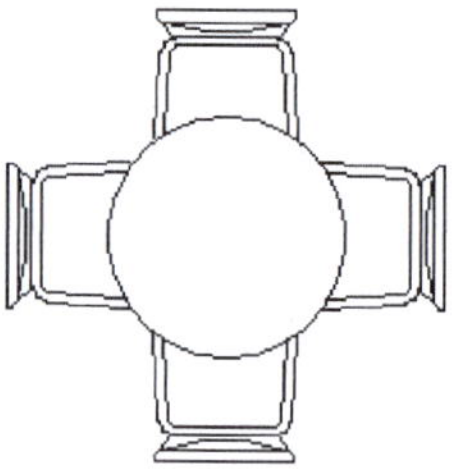

续表

序号	名称	图例
9	条形餐桌椅	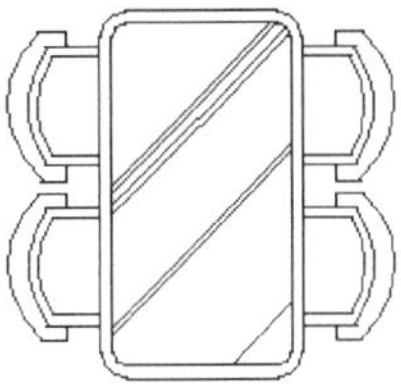
10	单人床	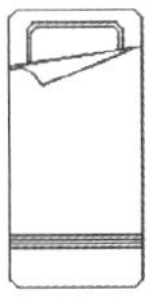
11	双人床	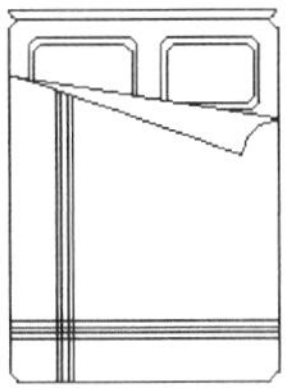
12	床头柜	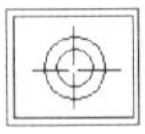
13	衣柜	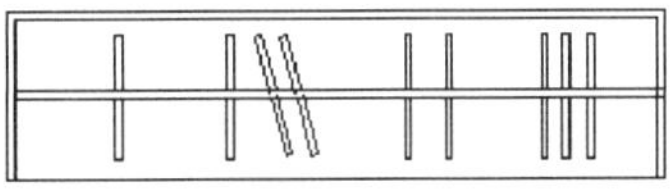
14	休闲桌椅	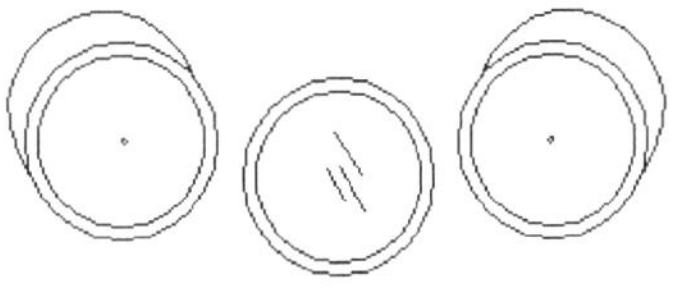
15	书桌	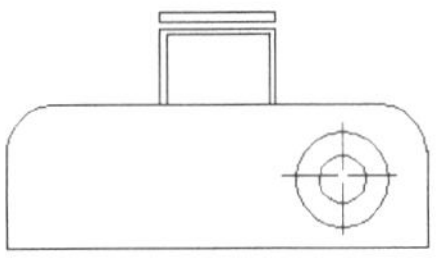
16	椅子	
17	电脑	

续表

序号	名称	图例
18	洗脸台	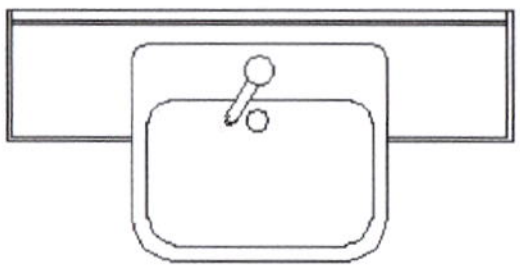
19	坐便器	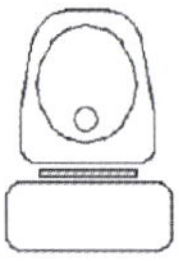
20	洗衣机	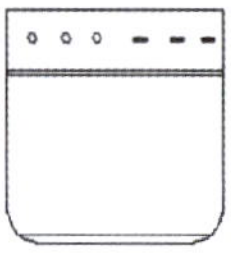
21	浴缸（长方形）	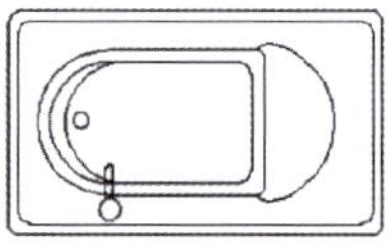
22	浴缸（三角形）	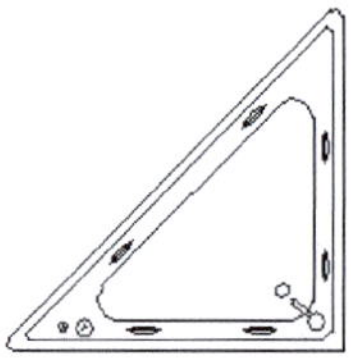
23	浴缸（扇形）	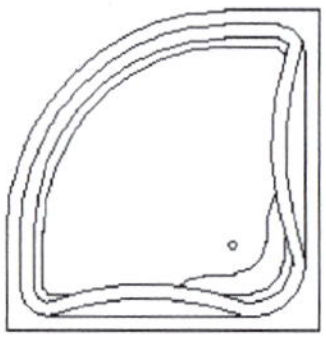
24	浴缸（钻石形）	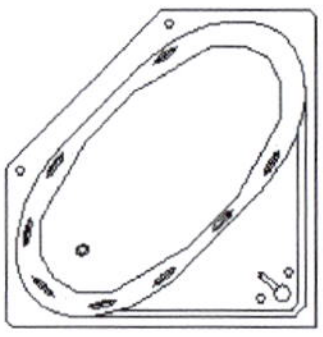
25	浴霸	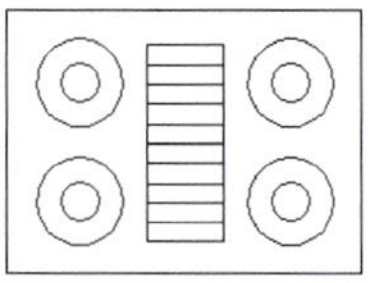
26	通风口	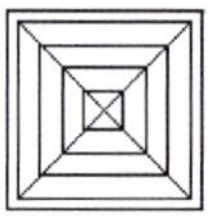

续表

序号	名称	图例
27	煤气灶	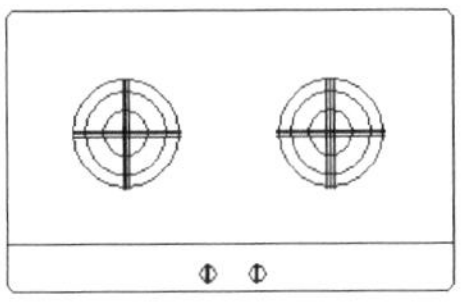
28	单水槽	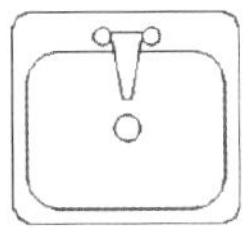
29	双水槽	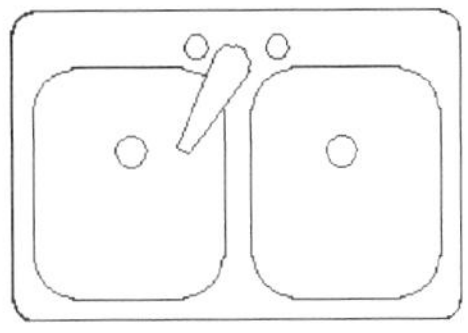
30	电冰箱	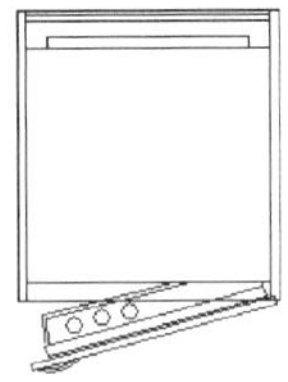
31	吊灯 1	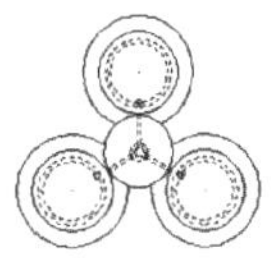
32	吊灯 2	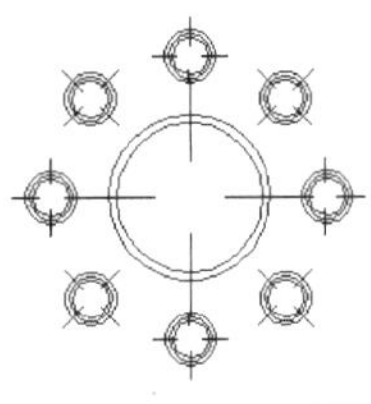
33	吸顶灯	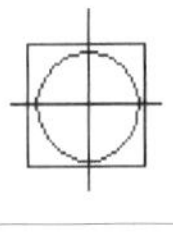
34	石英灯	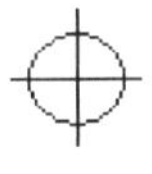
35	筒灯	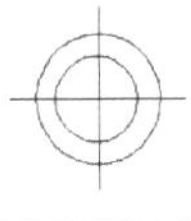
36	暗藏灯管	 — — — — — — — —

续表

序号	名称	图例
37	防雾节能筒灯	
38	健身器	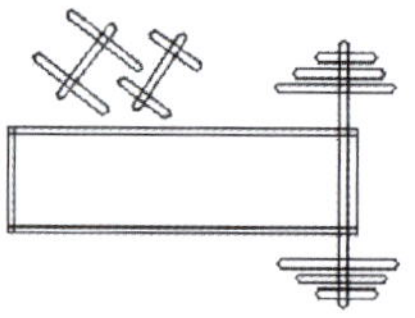
39	钢琴1	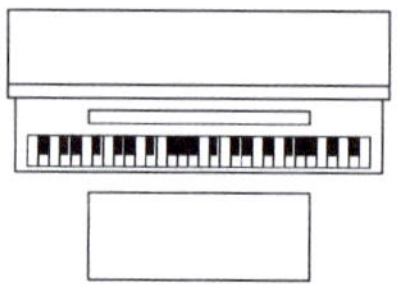
40	钢琴2	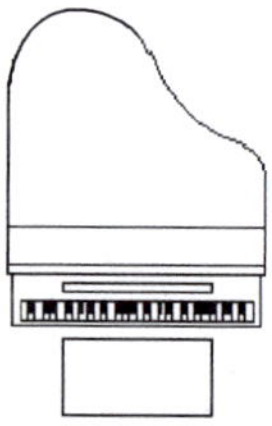
41	桌球	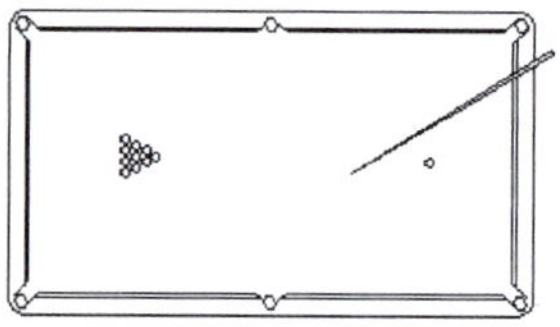
42	转叶风扇	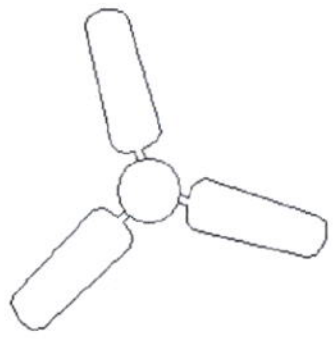
43	电话	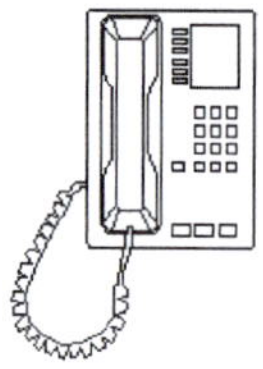
44	绿植1	

续表

序号	名称	图例
45	绿植 2	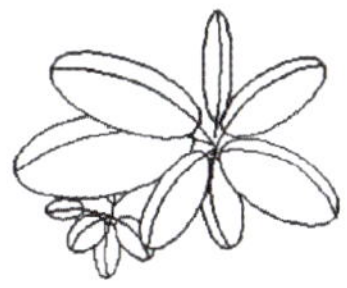
46	绿植 3	
47	绿植 4	
48	绿植 5	
49	绿植 6	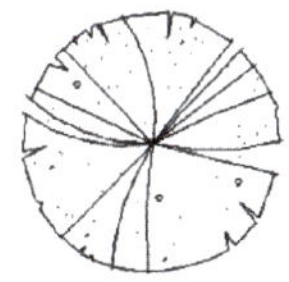

二、立面图常用图例

序号	名称	图例
1	沙发 1	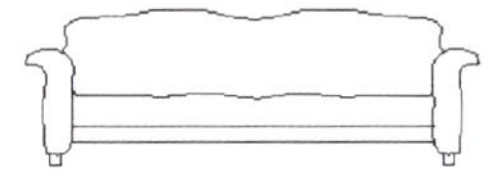
2	沙发 2	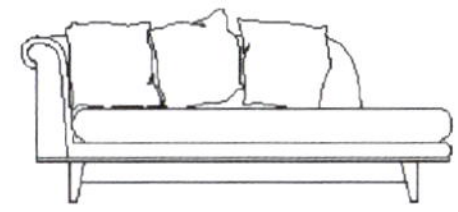
3	床正立面	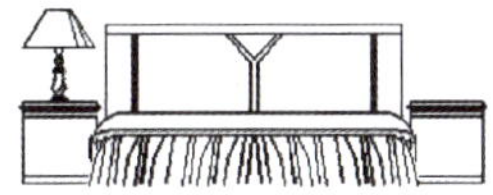
4	床侧立面	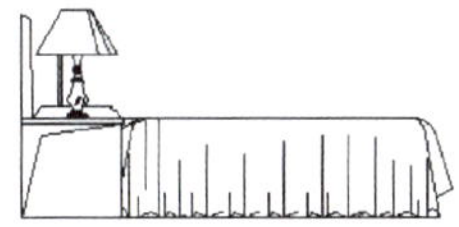

续表

序号	名称	图例
5	电视柜 1	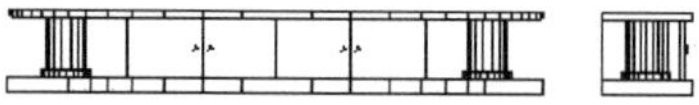
6	电视柜 2	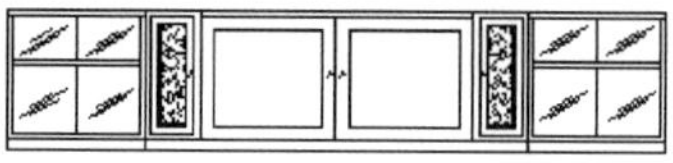
7	餐桌 1	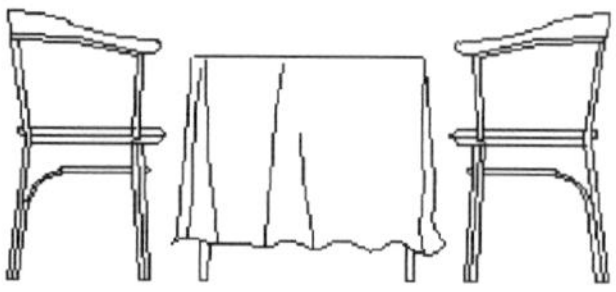
8	餐桌 2	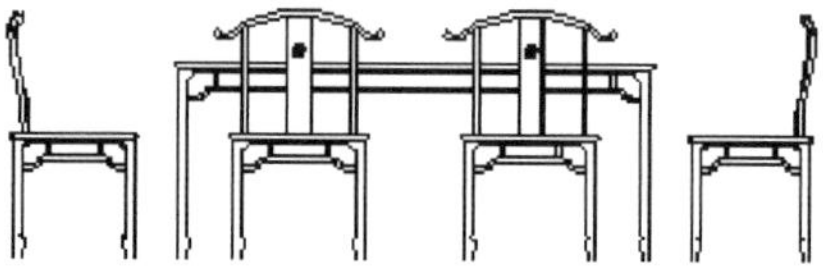
9	衣柜	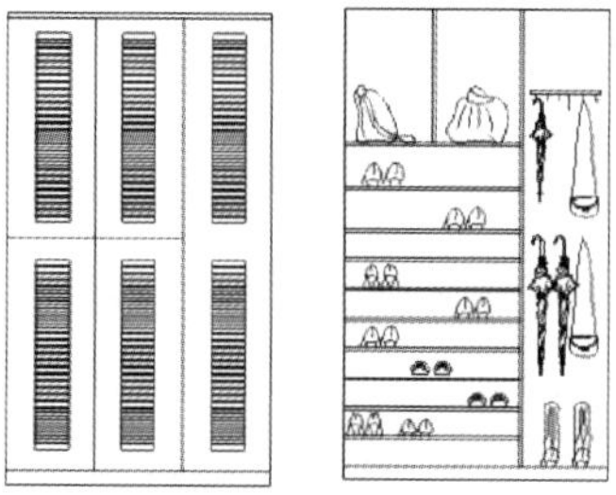
10	坐便器 正立面	
11	坐便器 侧立面	
12	洗脸台 正立面	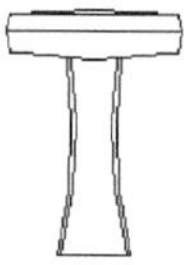
13	洗脸台 侧立面	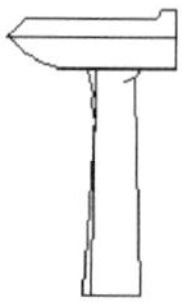

续表

序号	名称	图例
14	浴缸 侧立面	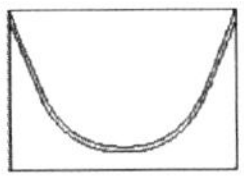
15	浴缸 正立面	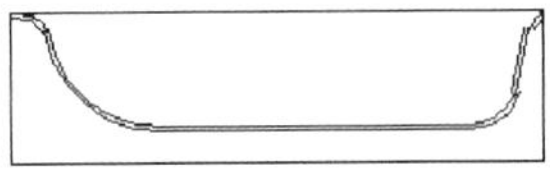
16	煤气灶	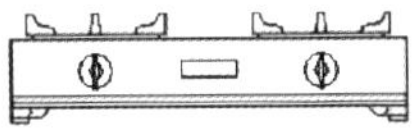
17	吊灯	
18	吸顶灯	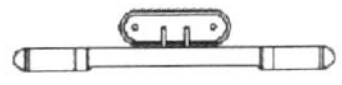
19	射灯	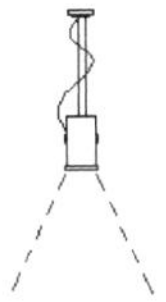
20	地灯	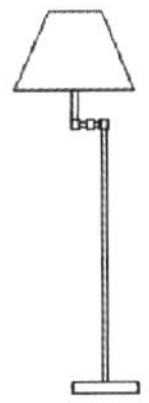
21	台灯	
22	书桌灯	
23	休闲桌椅1	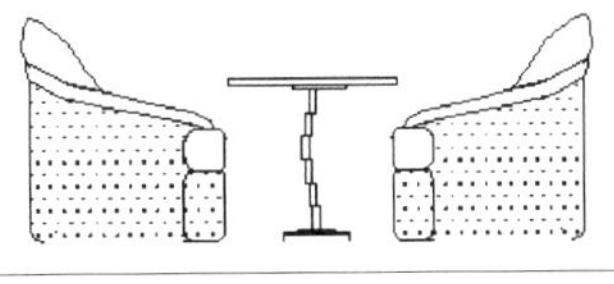
24	休闲桌椅2	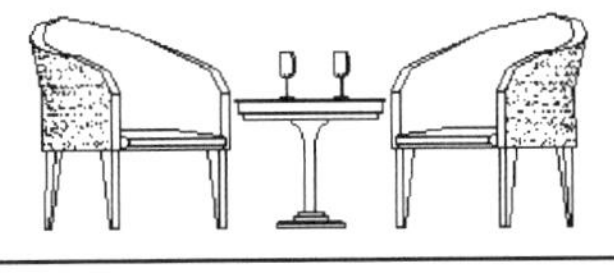

续表

序号	名称	图例
25	电脑椅 正立面	
26	电脑椅 侧立面	
27	滚筒洗衣机	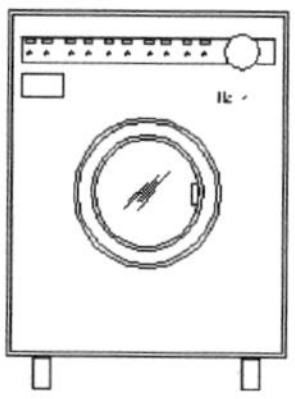
28	波轮洗衣机	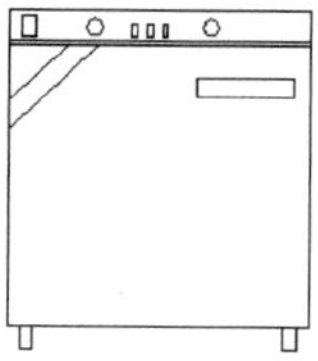
29	家庭影院组合	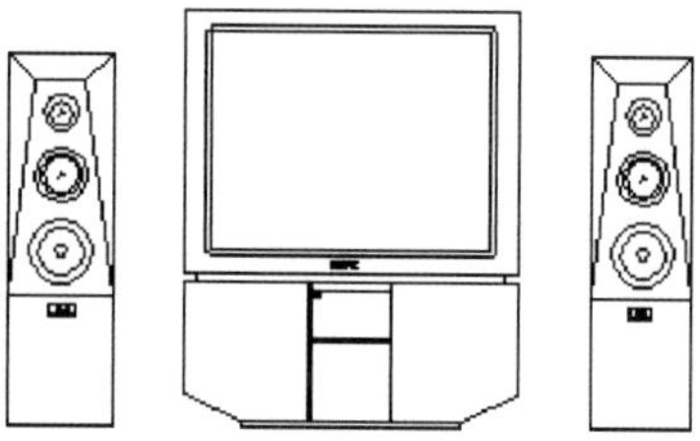
30	饮水机 正立面	

续表

序号	名称	图例
31	饮水机 侧立面	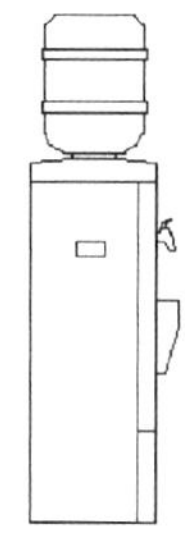
32	冰箱	
33	空调	
34	装饰画 1	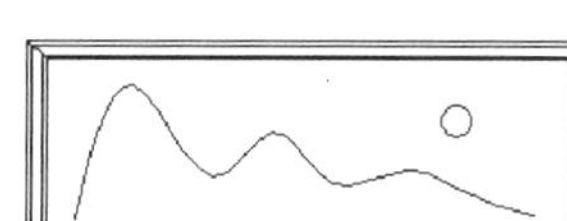
35	装饰画 2	

续表

序号	名称	图例
36	绿植1	
37	绿植2	

参考文献

[1] GB/T 50103—2010.总图制图标准.

[2] GB/T 50001—2017.房屋建筑制图统一标准.

[3] GB/T 50104—2010.建筑制图标准.

[4] 覃斌,尹晶.建筑装饰工程制图与CAD[M].北京:北京理工大学出版社,2018.

[5] 覃斌,朱红华.室内装饰装修施工图设计[M].北京:北京理工大学出版社,2023.

[6] 姜丽,张慧洁.环境艺术设计制图[M].上海:上海交通大学出版社,2014.

[7] 牟明.建筑工程制图与识图[M].2版.北京:清华大学出版社,2011.

[8] 何铭新,李怀健,朗宝敏.建筑工程制图[M].5版.北京:高等教育出版社,2013.

[9] 赵建军.建筑工程制图与识图[M].北京:清华大学出版社,2012.

[10] 姜丽.环境艺术设计制图与识图[M].合肥:安徽美术出版社,2016.